谢凯年　蒋　群◎主编

上海交通大学附属小学　上海慕客信信息科技有限公司◎组编

编　委:
詹俊杰　胡家乐　杨佳庆
马燕飞　蓝　超　苏　克
万提提　陶思铭

ARTIFICIAL INTELLIGENCE

人工智能
≪≪≪≪与创客
·下册·

上海交通大学出版社
SHANGHAI JIAO TONG UNIVERSITY PRESS

内容提要

本书分为"App 应用的探索与开发"和"你好！Python 的世界"两篇。上篇含"App Inventor"和"App Inventor 与人工智能"两个单元，共 8 课时；下篇含"Python 编程""开源硬件""人工智能"和"创意思维"四个单元，共 19 课时。每课时都围绕课前设置的"问题"展开，并且有详细的动手实践指导和思维拓展环节。通过 App Inventor 和图形化积木式编程制作有趣的手机软件，利用 Python 编程和开源硬件实现人机交互，最后将多种创作模式融合迸发出金点子，让读者在这个循序渐进的过程中，感受人工智能的无比魅力。

本书将当下最热门的人工智能以 STEAM 形式展现给读者，内容通俗易懂，可操作性强，适合青少年使用。

图书在版编目（CIP）数据

人工智能与创客 . 下册 / 谢凯年，蒋群主编 .—上海：上海交通大学出版社，2021
ISBN 978-7-313-22647-1

I. ① 人… II. ① 谢… ② 蒋… III. ① 人工智能—青少年读物 IV. ① TP18-49

中国版本图书馆 CIP 数据核字（2021）第 035931 号

人工智能与创客（下册）
RENGONG ZHINENG YU CHUANGKE（XIACE）

主　　编：谢凯年　蒋　群
出版发行：上海交通大学出版社　　　　　　地　　址：上海市番禺路 951 号
邮政编码：200030　　　　　　　　　　　　电　　话：021-64071208
印　　制：上海锦佳印刷有限公司　　　　　经　　销：全国新华书店
开　　本：889mm×1194mm　1/16　　　　　印　　张：11.5
字　　数：214 千字
版　　次：2021 年 6 月第 1 版　　　　　　　印　　次：2021 年 6 月第 1 次印刷
书　　号：ISBN 978-7-313-22647-1　　　　　ISBN 978-7-88941-277-3
定　　价：68.00 元

序

根据中国教育报 2018 年的报告，我国人工智能人才缺口超过 500 万人。教育部发布了《高等学校人工智能创新行动计划》，提出加快构建新一代人工智能领域人才培养和科技创新体系。因此，我国迫切需要探索人工智能基础研究拔尖人才和交叉应用高端人才培养的新模式。人工智能是个综合性很强的学科，要求从业人员具有坚实的数理基础、深厚的多学科专业知识和技能。

上海交通大学成立了人工智能研究院，研究院将立足于数据、算法、芯片这三大要素，在人工智能基础理论与技术方面，研发新一代机器学习理论与开源软件，结合已有的研究优势，形成网络环境下超人感知认知能力，推动新一代人工智能的发展。

国务院印发《新一代人工智能发展规划》，明确指出人工智能成为国际竞争的新焦点，应逐步开展全民智能教育项目，在中小学阶段设置人工智能相关课程、逐步推广编程教育、建设人工智能学科，培养复合型人才，形成我国人工智能人才高地。

上海交通大学附属小学（以下简称"交大附小"）从 2016 年初就开始探索如何在小学高年级实施创客教育、STEAM 教育、编程教育，逐步把语音识别、图像识别、Python、Arduino、树莓派、3D 打印、人工智能神经计算棒等技术引入信息课。课程的开发者谢凯年博士和交大附小的蒋群校长紧密合作，克服了时间紧、任务重、高深的理论转化为生动活泼的小学生语言需要大量创造性的工作等诸多难题，经过两年多的课程建设，课程受到了学生和家长的广泛好评。

交大附小的工作非常有意义，为如何普及人工智能领域的基本知识探索了一条切实可行的新路。交大出版社及时发现了这么好的人工智能教育实践选题，及时出版了《人工智能与创客》一书，提高了优秀课程的辐射能力，值得称赞。

希望本书能为青少年人工智能教育的发展添砖加瓦。

上海交通大学人工智能研究院常务副院长

前 言

《人工智能与创客》上册出版以后，反响热烈。上册设定的目标读者是小学阶段的学生。这个年龄段的孩子形象思维能力强，且处于抽象思维与逻辑思维建立的关键阶段。因此，上册以 3D 建模和图形化编程 Mixly 为核心展开，主要介绍创客技术。从目前的教学效果反馈看，质量令人满意。很多读者，尤其是中小学教师群体，都在催问重点在人工智能技术的下册什么时候出版。

下册在编写过程中，随着时间的推移，教学情况有了很大变化，日新月异的人工智能技术又出现了更多新特点，为精益求精，出版日期一再推迟，时隔两年，总算面世。

教学情况的变化之一是人工智能教育从少数学生的兴趣班逐步变成多数学生都要参与的普及班，同年龄段的同学的基础差异已不容忽视。有的同学经过一年以上的上册内容学习，加上丰富的课外科创活动，动手能力以及创新能力有了长足的发展，他们已经不满足于常见的图形化编程环境，渴望进入代码编程阶段大展拳脚，直接用代码调用各种人工智能的功能；有的同学虽然和他们年龄相仿，但由于是初次接触创客及编程技术，想要跟上进度，更需要的是基础知识的衔接和过渡。

教学情况变化之二是由于 2020 年新冠肺炎疫情的影响，很多动手的课程不得不在线上完成，原本规划的大篇幅动手制作的内容只能忍痛舍弃，增加更多可以远程教学的内容。同时，为了体现创客动手的特色，线上的远程教学内容仍应能制作出实物，老师和学生线下完成后进行线上视频展示。

教学情况变化之三是评价机制的影响。随着人工智能和科学创新课程的逐步普及，各校的创新制作水平水涨船高。原计划仅进行人工智能基本知识介绍的内容，不得不更加倾向于有助于帮助学生完成创新作品方向转变。学生通过分析生活中存在的问题，利用学到的创客和人工智能知识，对生活中存在的实际问题加以解决。这个过程需要用大量"看不见"的时间，这些时间看上去并没有用于做习题、写代码，但锻炼了学生的能力。近年来，综合素质评价体系越来越重要，它对学生增强能力的过程加以记录和评估，值得重视。

在人工智能的技术发展方面，近几年出现了几大新趋势：边缘智能，应用场景落地，芯片。以自动驾驶为例，绝大部分人工智能算法必须在边缘，而不是云端完成，否则无法快速准确地操纵汽车。人工智能的大部分头部企业在基础算法方面已经有了很多积累，但杀手级的应用场景迟迟没有出现。人工智能应用如果要达到实用的水平，必须整合软件、硬件、算法、芯片多方面的优势。

考虑到上述变化，下册的内容编排原则呼之欲出：上篇仍以图形化编程为主，便于与上册衔接。选用与 Mixly 同源的 App Inventor 手机图形化编程作为主线。从猜数字到语音识别，应有尽有，这样新老学员都可以找到适合自己学习程度的内容。下篇以 Python 为核心，先介绍 Python 基础知识，从图形化编程过渡到代码编程，接着介绍如何用 Python 在各种硬件平台上编程，并在此基础上介绍语音、图像等几大领域。最后，为能够以团队形式完成创新作品，引入创意思维内容。

在下册编写的过程中，交大附小团队严谨认真的工作作风对内容的优化起到了决定性的作用，确保每一节课、每一个字都经过了实际教学的检验。尽管本书编写历时 24 个月，但这个等待非常值得。

上海慕客信信息科技有限公司

目录

CONTENT

App应用的探索与开发 上篇

关键词汇总

【App Inventor】这是谷歌推出的一种软件工具,可以轻松地为 Android 智能手机编写应用程序。它把代码封装到块中,编程人员只要合理地把代码块放置在一起运行,就能在智能手机上产生一个应用程序。

【加速度传感器】可以测量加速度的传感器。

【音效传感器】可以播放音效和产生振动的传感器。

【非可视组件】在软件中看不到,在后台运行的组件。

【画布组件】可以感知触摸及拖动事件,利用这些事件来实现绘画功能。

【相机组件】可以调用手机相机进行拍照,并获得图片的路径信息的组件。

【全局变量】定义一个值,可以被本程序所有对象或函数引用的变量。

【随机数模块】可以生成编程人员设定的随机数的功能模块。

【计时器组件】具有计时功能的组件。

【文字识别】利用计算机自动识别字符,以处理大量的文字、报表和文本的技术。

【图像识别】利用计算机对图像进行处理、分析和理解,以识别各种不同模式的目标和对象的技术。

【API】应用程序编程接口。如果程序 API 是开放的,别的程序就能够调用这个程序的数据。

【语音识别器】可以将识别的语音转换成文字的功能模块。

【语音合成器】可以将识别的文字转换成语音的功能模块。

第1课　认识 App Inventor

本课问题

智能手机已经成为人们生活中不可缺少的物品，手机上的各类 App 也层出不穷，为人们提供了许多便利。如果我们自己也能开发手机 App，那就更方便啦！可是复杂的代码着实让人头疼，有没有更简单的方法呢？

关键词汇

App Inventor： 这是谷歌推出的一种软件工具，可以轻松地为 Android 智能手机编写应用程序。它把代码封装到块中，编程人员只要合理地把代码块放置在一起运行，就能在智能手机上产生一个应用程序。

活动一：安装配置 App Inventor

情景描述

流行的智能手机操作系统有 Symbian OS、Android OS、Windows Phone、iOS、Blackberry 等，由于操作系统不同，手机里的程序在兼容性上也会不同。

Android（安卓）系统属于开源的操作系统，它的应用后缀名为：*.apk。由于 Android 是开源系统，我们可以自行研发应用程序，"自由度"比较高。因此，在未来的学习中，我们会围绕 Android 系统，开发属于自己的应用程序。开发 Android 应用程序的软件有很多，我们需要选择一款适合我们学生的工具。功能强大、小巧方便的 App Inventor 便是我们的首选。

App Inventor 拥有一个直观的可视化编程环境，是一款优秀的开源应用程序开发软件。它可以为智能手机和平板电脑构建功能齐全的应用程序，让我们从程序的使用者转变成程序的创造者。

在开发应用程序前，我们先来安装配置 App Inventor 的编程环境。

App Inventor 的安装注意事项：

（1）请勿在优盘中运行 App Inventor，把 App Inventor 压缩包在 C 盘根目录下解压。

（2）请安装谷歌浏览器配合 App Inventor 的使用。

（3）把默认浏览器设置成谷歌浏览器（方法：单击"开始"菜单旁边的搜索，输入"默认"，在 Web 浏览器中选择"Google Chrome"）。

（4）双击 C 盘中 App Inventor 文件夹里的"启动 AppInventor.cmd"，系统会自动运行两个命令提示符窗口，并自动跳出谷歌浏览器，单击"一键试用"，就可以使用了（使用中请确保底下有两个命令提示符窗口并不要关闭）。

App Inventor 的登录界面如图 1-1 所示。

图1-1 App Inventor登录界面

App Inventor 的保存方法:

（1）为确保数据已存储,每次完成项目请导出 *.aia 文件（再次使用可导入 *.aia 文件继续制作）。

（2）软件开发全部完成后,请妥善导出 *.aia 文件和 *.apk 文件（单击"编译"—"下载到本地"即可导出 *.apk 文件）。

把 *.apk 文件（安卓手机应用的后缀名都是 *.apk 文件）通过电脑版微信"文件传输助手"发送,然后在手机上安装即可完成（手机如无法安装请先安装 QQ 浏览器）。

情景描述

通过活动一的调试,我们已经了解 App Inventor 如何打开、导入、导出。可别小看这些操作,这些将是同学们未来学习最重要的操作基础。由于这是我们第一次开发应用程序,难免有些小激动,接下来让我们登录 App Inventor 开始"工作"吧!

概念解析

相比传统的编程环境,App Inventor 是基于图形化的编程工具,把代码封装在图形中,我们把这种图形称为"积木"。通过不同的积木相互拼接让语句通顺,实现相应的功能。例如:手机触摸交互。首先手机里面的电路板上已经有了触摸传感器这一硬件,接着我们在 App Inventor 中使用关于触摸的积木（代码已在积木中）,开发出来的应用就能让手机的触摸功能开始"工作"了。这种图形化编程大大降低了编程的复杂度,减少了学习编程的时间,即使是刚接触计算机语言的同学也可在短时间内设计出简单的应用程序。App Inventor 是一个很棒的开发应用的软件。

操作步骤

1. 登录 App Inventor

这里我们使用试用账号登录 App Inventor（见图 1-2）。

App Inventor汉化版

邮箱 [   ]
密码 [   ]

登录

本地注册 一键试用
中文　English

图1-2　一键试用

单击"一键试用"，进入 App Inventor 主界面（见图 1-3）。

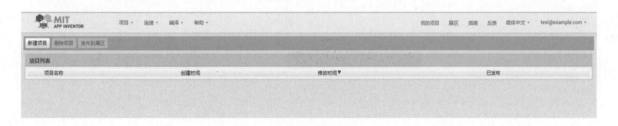

图1-3　App Inventor主界面

2. 新建项目

选择"项目"选项卡，单击"新建项目"。

在对话框内输入项目名称"hello_world"后单击"确定"（见图1-4）。注意：项目名称中不能出现空格。

图1-4　新建项目

进入后便能看到组件面板、工作区域、组件列表、属性面板四大板块（见图1-5），这个就是 App Inventor 的应用"设计"功能。在这里设计出来的页面就是最终呈现在手机中的界面。

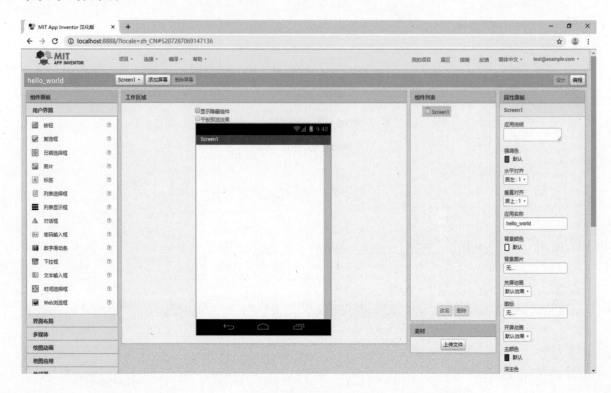

图1-5 项目设计界面

3. 界面设计

（1）界面布局。单击左侧组件面板中的"界面布局"选项卡，拖动"垂直布局"到工作区域（见图1-6）。

图1-6 界面布局

（2）调整"垂直布局"组件的属性。在最右边属性面板中,将"水平对齐"和"垂直对齐"的参数调整为"居中",将"高度"和"宽度"参数调整为"充满"(见图1-7)。

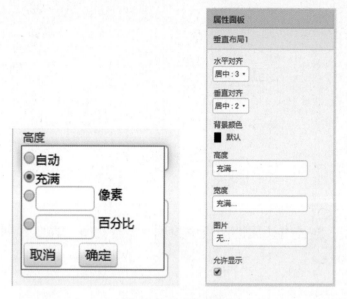

图1-7 修改参数

（3）添加按钮和文本组件。

首先单击左侧组件面板中的用户界面,拖动"标签"和"按钮"组件到工作区域（见图1-8）。

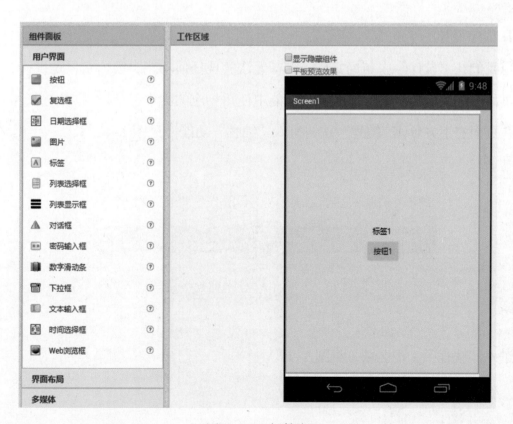

图1-8 添加按钮

再调整"标签"和"按钮"组件的属性。

单击"标签1",在最右边属性面板中找到"显示文本",将文本框中的文字删除（见图 1-9 ）。

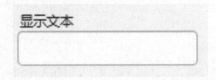

图1-9 修改属性

单击"按钮1",在最右边属性面板中找到"显示文本",在文本框中输入"请按住"（见图 1-10 ）。

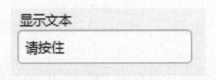

图1-10 修改属性

4.程序设计

当我们在"设计"中布局好后，它却无法实现任何功能，因为它只是设计，要想实现页面中的功能，就要去"编程"功能中使用相应的积木，让设计的按钮"活"起来。在页面右上方单击"编程"按钮进入"编程"功能（见图 1-11 ）。

图1-11 "设计"与"编程"功能

进入"编程"工作区域（见图 1-12 ）。

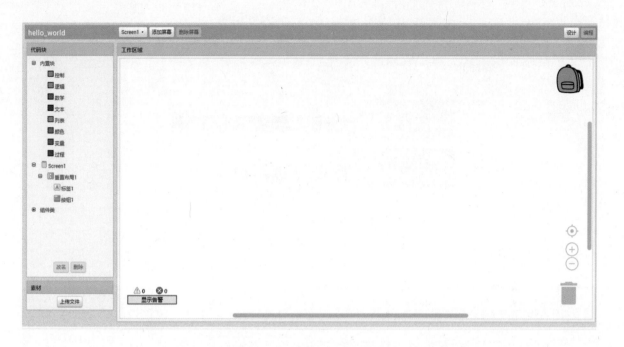

图1-12 "编程"工作区域

应用程序完整代码如图 1-13 所示。

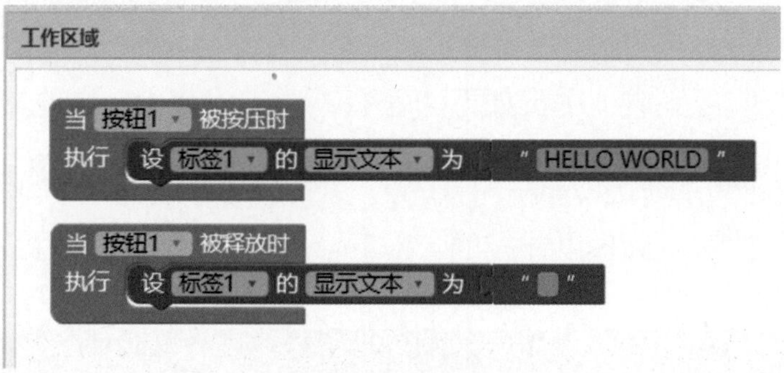

图1-13 代码

具体操作步骤如下:

（1）在左侧代码块中单击 按钮1，将  和  拖动到工作区域。

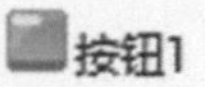

（2）在左侧代码块中单击 标签1，将  拖动到工作区域（见图 1-14）。

图1-14 代码

（3）在左侧代码块中单击 ，将 拖动到工作区域，并在第一个文本框中输入"HELLO WORLD"（见图1-15）。

图1-15 代码

5. 安装调试代码

单击"编译"按钮，可选择"显示二维码"和"下载到本地"对应用程序进行调试（见图1-16）。

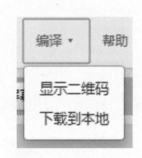

图1-16 调试

将电脑与手机连接至同一个网络中，单击"显示二维码"，用手机扫描二维码下载应用程序的 *.apk 文件到手机上进行安装，即可进行软件调试。还可以选择"下载到本地"，将 *.apk 文件下载到计算机中，使用电脑版微信"文件传输助手"发送，然后在手机上安装即可完成（手机如无法安装，请先安装 QQ 浏览器）。

如没有安卓手机，可以使用计算机上的安卓模拟器进行安装调试。

单击"安装"按钮，选择下载好的"hello_world.apk"文件（见图1-17）。

图1-17 手机模拟器

等待安装完成后，桌面上会出现"hello_world"应用图标并运行（见图1-18）。

6. 运行程序

当按住"请按住"按钮时，界面中会出现"HELLO WORLD"；当松开按钮时，界面中的"HELLO WORLD"会消失（见图1-19）。

图1-18 应用图标

HELLO WORLD

请按住

图1-19 运行结果

头脑风暴

（1）请观察按钮1中的其他积木（例："当按按钮1……时，执行……"），它们对程序的运行结果起到了什么作用？请分享给身边的同学。

（2）请再添加一组按钮和标签，并合理布局在页面中。

观点表达

对于头脑风暴中提出的任务和问题，请和你的小伙伴们讨论交流，把你们的想法记录下来吧！

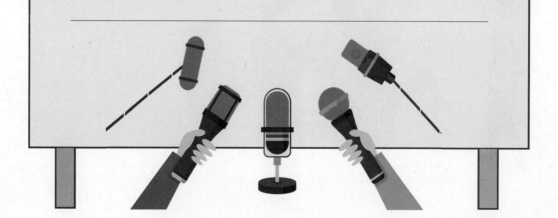

11

本课评价

班级：_____ 姓名：_____

完成学习评价表（请用"√"的方式填写）	
是否清楚"标签"和"按钮"作用？	清楚（　）一知半解（　）不清楚（　）
是否清楚"布局"的作用？	清楚（　）一知半解（　）不清楚（　）
是否完成了自己的第一个App？	完成（　）　　需要帮助（　）

字迹端正　书写正确

第2课　Hello 小猫咪

本课问题

我们知道，手机上有的应用程序可以通过摇晃手机来控制，这是什么原理呢？通过这节课的学习，我们可以将手机变成一只"小猫咪"，只要我们摇晃手机，就能听到小猫的叫声。

关键词汇
加速度传感器：可以测量加速度的传感器。
音效传感器：可以播放音效和产生振动的传感器。
非可视组件：在软件中看不到，在后台运行的组件。

活动一：　神奇的手机传感器

情景描述

如今，智能手机的人机交互变得十分便捷，用户的体验感越来越好。之前需要点点按按的操作方式，现在已被一些新颖的操作方式取代，而这些良好的人机交互多亏了手机传感器，那我们的手机里面到底有哪些传感器呢？

概念解析

传感器是人工智能的基础，它是一种检测装置，能感受到被测量的信息，并能将感受到的信息按一定规律变换成电信号或其他所需形式的信息输出，以满足信息的传输、处理、存储、显示、记录和控制等要求。例如，计算机利用算法将各种传感器接收到的信息（光亮、震动、温度、距离、湿度等）进行处理，从而表现出智能化的样式。随着人工智能的不断发展，传感器的智能化程度也越来越高，呈现出微型化、集成化、多样化等特点。在未来，一定到处都是传感器，他们收集着我们这个世界的所有的信息并且不断将这些信息进行处理加工，最终形成智能时代。

众所周知，人类有很多感知器官（见图2-1），不同的器官有它自己的作用：我们用眼看世界，用耳朵听声音，用嘴巴说话，用鼻子闻花香，用手触碰物体。这些感觉器官都由大脑控制的，大脑想让它们做什么，它们就会按照大脑发出的指令去做。

图2-1 人类的感知器官

我们的手机也拥有像人类一样的"器官"，甚至在"器官"的数量上和质量上都胜过人类，比人类拥有的本领更强大，它们就是传感器。

手机的内部藏着许许多多各式各样的传感器（见图2-2），正因为有了这些传感器，才能在设备上实现和人类一样的，甚至超越人类的功能。

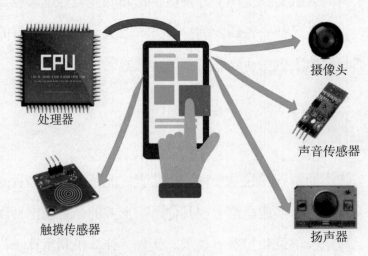

图2-2 手机里安装的部分元器件及传感器

当手机安装了各式各样的传感器、模块、组件后，它们就能实现语音对话、测试心率、检测步数、移动支付等功能。

头脑风暴

（1）请同学们找一找，家里的哪些设备里装有传感器，并把这些传感器写下来。

（2）请通过小组讨论，试想"加速度传感器"有哪些用途。

观点表达

对于头脑风暴中提出的任务，请和你的小伙伴们讨论交流，并把你们的想法记录下来吧！

活动二： Hello! 小猫咪

情景描述

据推测，家猫已被人类驯化了3500余年。猫是一种最常见的宠物之一，我们在社交软件上经常会看到有朋友晒猫的图片。但是图片终究是单一的图像，如果我们可以自己开发一款应用程序，记录家猫不同成长时期的图像或声音，那是不是一件非常有意义的事情呢？

概念解析

利用 App Inventor 的强大功能，我们可以开发一个"小猫咪"的应用程序，充分利用手机中已有的传感器，让应用程序中的"小猫咪"的图片发出可爱的"喵喵"声。

操作步骤

1. 新建项目

（1）新建一个名为"hello_purr"的项目（见图2-3）。

图2-3 新建项目

（2）上传素材。分别上传本次项目所需的"meow.jpg"和"meow.mp3"素材（见图2-4）。

 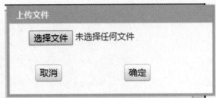

图2-4 上传素材

2. 界面设计

（1）从左侧组件面板中选择"界面布局"，将"垂直布局"拖动到工作区域，并在右侧"属性面板"中设置"水平对齐"和"垂直对齐"为"居中"，"高度"和"宽度"为"充满"，"图片"为"meow.jpg"。

（2）从左侧组件面板中选择"用户界面"，将"标签"和"按钮"拖动到工作区域，并在右侧"属性面板"中设置"标签1"的"字号"为"40"，"显示文本"为空，"颜色"为"绿色"，设置"按键1"的"显示文本"为"喵"。

（3）从左侧组件面板中选择"用户界面"，将"音效播放器"拖动到工作区域，并在右侧"属性面板"中设置"音效播放器"的"源文件"为"meow.mp3"。

（4）从左侧组件面板中选择"用户界面"，将"加速度传感器"拖动到工作区域。"Hello 小猫咪"界面设计如图 2-5 所示。

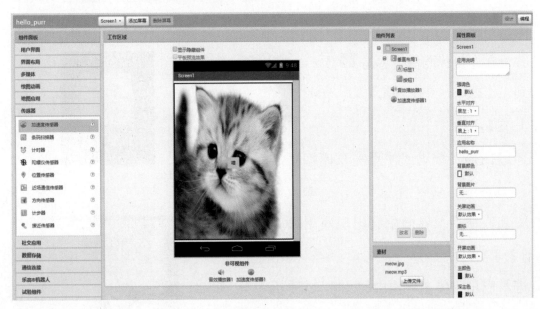

图2-5 "Hello 小猫咪"界面设计

3. 程序设计

切换至编程界面。"Hello 小猫咪"完整代码如图 2-6 所示。

17

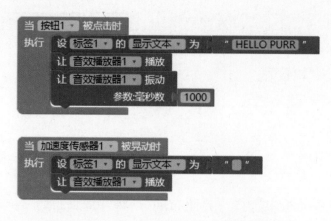

图2-6 "Hello 小猫咪"完整代码

（1）在左侧代码块中单击 按钮1，将 拖动到工作区域。

（2）在左侧代码块中单击 加速度传感器1，将 拖动到工作区域。

（3）在左侧代码块中单击 标签1，将 设 标签1 的 显示文本 为 拖动到工作区域。

（4）在左侧代码块中单击 文本，将 拖动到工作区域，并在第一个文本框中输入"HELLO PURR"。

（5）在左侧代码块中单击 音效播放器1，将 让 音效播放器1 播放 和 让 音效播放器1 振动 参数:毫秒数 拖动到工作区域。

（6）在左侧代码块中单击 数学，将 拖动到工作区域，并设置参数为"1000"。

4. 安装调试

通过扫描二维码或使用安卓模拟器来安装程序。

安装完成后，界面中会出现应用程序图标（见图 2-7）。

图2-7 应用图标

进入应用，单击界面中的"喵"，手机中会发出"喵"的音效，同时手机震动，界面中显示绿色的"HELLO PURR"。当晃动手机时，手机会再次发出"喵"的音效，界面中的"HELLO PURR"消失（见图 2-8）。

图2-8 运行效果

活动三：　四格音盒

我们已经成功地让手机发出可爱的"喵喵"声了！如果我们在程序中多增加几个相同的模块，就可以让手机发出更多的声音了。

在活动二中我们学习了垂直布局和水平布局的用法，接下来我们将挑战使用表格布局来丰富界面样式。那就让我们结合表格布局制作一个四格音盒吧，当我们单击不同的按钮时，手机就会发出相应的音效。

1. 新建项目

（1）新建一个名为"helloMore"的项目（见图2-9）。

图2-9 新建项目

（2）上传素材（见图2-10）。

图2-10 上传素材

2. 界面设计

（1）从左侧组件面板中选择"界面布局"选项，将"表格布局"拖动到"工作区域"，并在右侧"属性面板"中设置"列数"和"行数"为"2"，"高度"和"宽度"为"自动"。

（2）从左侧组件面板中选择"界面布局"选项，将"垂直布局"拖动到每个"表格布局"中，并在右侧"属性面板"中设置"水平对齐"为"居中"，"垂直对齐"为"居上"，"高度"和"宽度"为"50%"，挑选一张图片设置为背景。

（3）从左侧组件面板中选择"用户界面"选项，将"按钮"拖动到每个"垂直布局"中，并在右侧"属性面板"中设置"显示文本"。

（4）从左侧组件面板中选择"用户界面"选项，将"标签"拖动到每个"垂直布局"中，并在右侧"属性面板"中设置"显示文本"为空。

（5）从左侧组件面板中选择"多媒体"选项，将4个"音效播放器"拖动到工作区域。

（6）从左侧组件面板中选择"按钮"选项，将"音效播放器"拖动到工作区域，并在右侧"属性面板"中设置"音效播放器"的"源文件"为"meow.mp3"。

（7）从左侧组件面板中选择"传感器"选项，将"加速度传感器"拖动到工作区域。

"四格音盒"界面设计如图 2-11 所示。

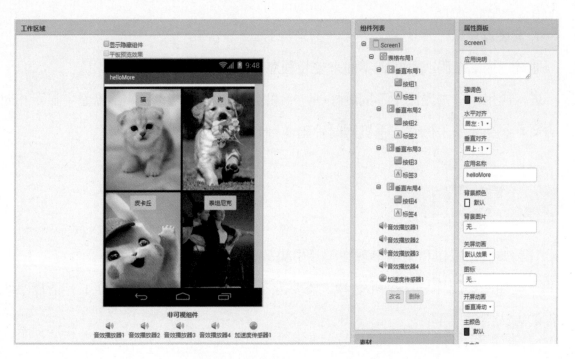

图2-11 "四格音盒"界面设计

3. 程序设计

切换至编程界面，结合图片内容编写代码（见图2-12）。

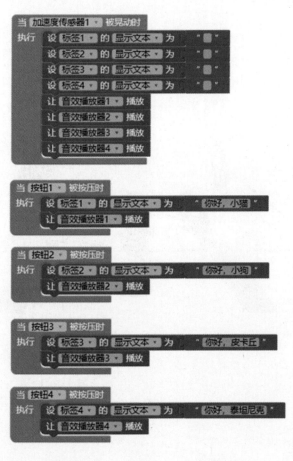

图2-12 "四格音盒"完整代码

21

4. 安装调试

通过扫描二维码或下载到本地来安装程序。

进入应用，单击界面中不同的按钮，手机会发出相对应的音效，界面中显示相对应的文本。当晃动手机时，手机同时发出 4 种音效，界面中的文本消失。

头脑风暴

（1）如何让按钮和文本出现在图片中央的位置？

（2）如果要制作一部手机钢琴，需要准备哪些素材？如何进行分工？请以小组合作的方式尝试一下。

观点表达

对于头脑风暴中提出的问题，请和你的小伙伴们讨论交流，并把你们的想法记录下来吧！

本课评价

班级：_____ 姓名：_____

完成学习评价表（请用"√"的方式填写）	
是否清楚"音效传感器"的作用？	清楚（　）一知半解（　）不清楚（　）
是否清楚"加速度传感器"的作用？	清楚（　）一知半解（　）不清楚（　）
是否完成了"Hello小猫咪"应用？	完成（　）　　　需要帮助（　）
是否完成了进阶的"四格音盒"？	完成（　）　　　需要帮助（　）

字迹端正　书写正确

第3课　创意涂鸦板

本课问题

　　"涂鸦"的意思就是"任意地画画"。无论你是著名的画家还是初学绘画的新手，都可以在涂鸦的过程中找到乐趣。可是我们不可能随时随地都带着纸和画笔，试想一下，如果使用手机设计涂鸦板，需要用到哪些组件呢？

关键词汇

画布组件： 可以感知触摸及拖动事件，利用这些事件来实现绘画功能的组件。

相机组件： 可以调用手机相机进行拍照，并获得图片的路径信息的组件。

活动一：　认识涂鸦板

情景描述

　　早在20世纪70年代，涂鸦板应用程序是最早运行在个人电脑上的应用之一，目的是证明个人电脑的潜力。那时候，开发这样一款简单的绘画应用是一项极其复杂的工作，而且绘画效果也差强人意，但现在使用 App Inventor 可以快速地创建一个有趣的涂鸦应用了。

概念解析

　　传统绘画（见图3-1）、数位板绘画（见图3-2）与平板绘画（见图3-3），本质上都是手绘。而平板绘画的优势是脱离了纸张，配合应用程序进行绘画的过程中，即使重复修改，也不会浪费纸张。同时，上色的工作量也大大减少，提高了创作效率。

图3-1 传统绘画　　　　　　图3-2 数位板绘画　　　　　　图3-3 平板绘画

活动二：随身涂鸦板

情景描述

　　传统的涂鸦方式无可替代，就好比写信，虽然使用聊天软件或电子邮件都比写信来得有效和及时，但是从纸质信件的字里行间中能看到作者表达的丰富情感和文化底蕴，这是电子邮件和聊天软件都无法比拟的。就像传统涂鸦在墙壁上进行一样，作者的用意和情感意义在每一笔勾画中表现得淋漓尽致。随着时代的发展，我们不仅要保留传统的方法，同时也要与时代接轨接受新的事物。用计算机进行涂鸦更加高效快捷，也更加整洁。但人们还想让电子涂鸦变得更方便，于是诞生了便携的涂鸦App。我们也可以利用 App Inventor 自己制作一款随身涂鸦板。

概念解析

　　想要制作涂鸦板，当然少不了画布。在本节课中，我们会用到"画布组件"来实现现实中画布的功能，使我们可以在上面进行绘画操作。画布组件具有纯色背景和图片背景两种背景供我们选择。

操作步骤

1. 新建项目

（1）新建一个项目。

（2）上传一张图片素材。

2. 界面设计

根据组件列表添加组件。

（1）设置"水平布局"的"水平对齐"和"垂直对齐"为"居中","高度"为"自动","宽度"为"充满"。

（2）设置"颜色按钮"的形状为"椭圆","高度"和"宽度"为"30 像素"。

（3）设置"橡皮按钮"的形状为"椭圆","高度"和"宽度"为"自动"。

（4）从左侧组件面板中选择"绘图动画",将"画布"拖动到工作区域,设置"背景图片"为素材图片。

"涂鸦板"界面设计如图 3-4 所示。

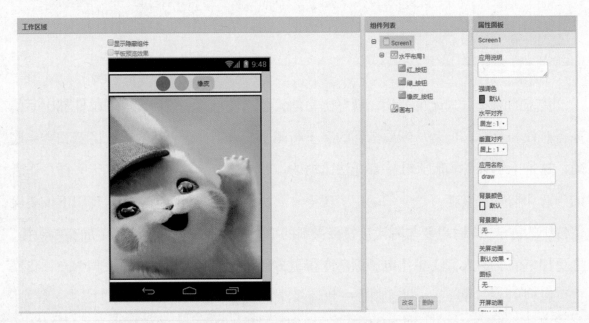

图3-4　"涂鸦板"界面设计

3. 程序设计

切换至编程界面。

（1）编写画笔颜色功能——更改画笔颜色（见图 3-5）。

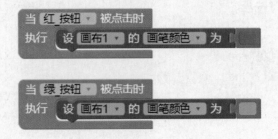

图3-5　画笔颜色代码

（2）编写橡皮擦功能——清空画布（见图3-6）。

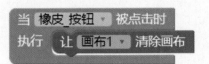

图3-6 橡皮擦代码

（3）编写画线功能——在手指按压屏幕拖动时画出线条（见图3-7）。

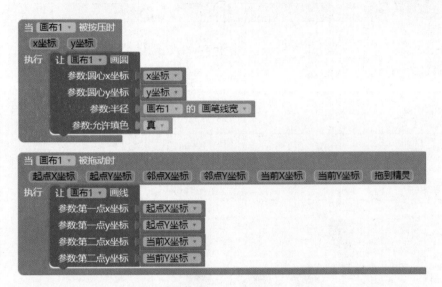

图3-7 画线代码

"涂鸦板"完整代码如图 3-8 所示。

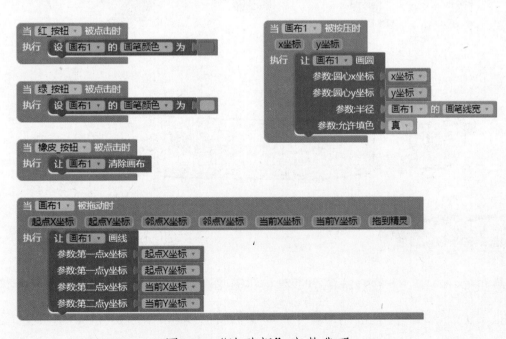

图3-8 "涂鸦板"完整代码

现在，我们可以随时随地拿出手机进行涂鸦创作啦！

27

代码中"当画布被按压时"和"当画布被点击时"这两大块积木分别是画圆和画线，请试着讨论一下，用通顺的语句来解读这两块积木的内容。

观点表达

对于头脑风暴中提出的任务，请和你的小伙伴们讨论交流，并把你们的想法记录下来吧！

活动三：拍照涂鸦板

情景描述

总是在单一的背景上涂鸦难免会觉得有些无聊，完成活动二的同学请给程序增加拍照功能，让拍好的照片直接作为背景，同学们就可以在照片上进行涂鸦，那一定会变得非常有趣！

手机中的"相机"应该是我们最常使用的功能之一，它可以帮助我们记录生活，也可以通过扫描二维码做许多事情。我们甚至可以将拍摄的照片直接设置为画布的背景，在照片上进行涂鸦创作。在 App Inventor 中有"照相机组件"，它是一个非可视组件，可以配合"设计"按钮实现调用手机摄像头进行工作。

操作步骤

1. 新建项目

（1）新建一个项目。

（2）上传一张图片素材。

2. 界面设计

根据组件列表添加组件。

（1）设置"水平布局"的"水平对齐"和"垂直对齐"为"居中"，"高度"为"自动"，"宽度"为"充满"。

（2）设置"颜色按钮"的形状为"椭圆"，"高度"和"宽度"为"30 像素"。

（3）设置"粗细按钮""橡皮按钮"和"拍照按钮"的形状为"圆角"。

（4）从左侧组件面板中选择"绘图动画"，将"画布"拖动到工作区域，设置"背景图片"为素材图片。

（5）从左侧组件面板中选择"多媒体"，将"照相机"拖动到工作区域。

"拍照涂鸦板"界面设计如图 3-9 所示。

3. 程序设计

切换至编程界面。

（1）编写画笔颜色功能——更改画笔颜色（见图 3-10）。

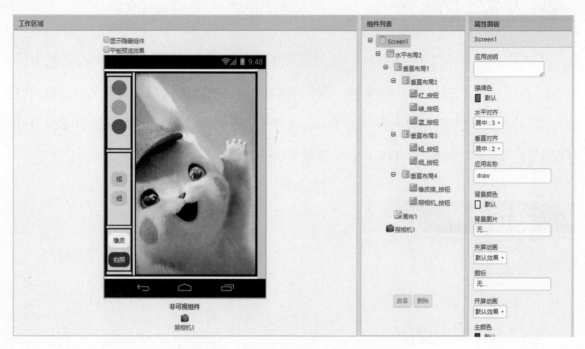

图3-9 "拍照涂鸦板"界面设计

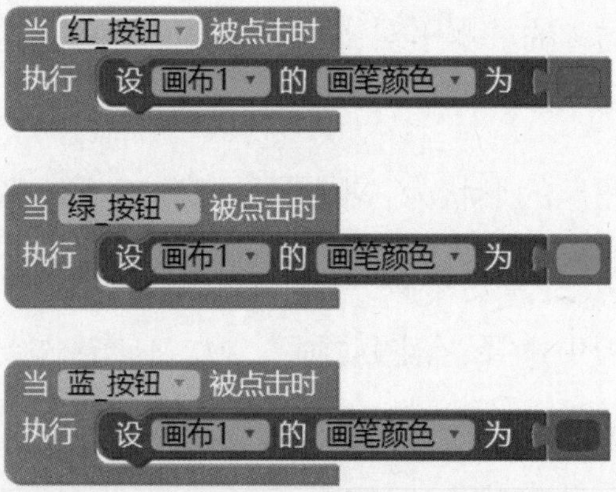

当 红_按钮 被点击时
执行 设 画布1 的 画笔颜色 为

当 绿_按钮 被点击时
执行 设 画布1 的 画笔颜色 为

当 蓝_按钮 被点击时
执行 设 画布1 的 画笔颜色 为

图3-10 画笔颜色代码

（2）编写橡皮擦功能——清空画布（见图3-11）。

图3-11 橡皮擦代码

（3）编写画线功能——在手指按压屏幕拖动时画出线系（见图3-12）。

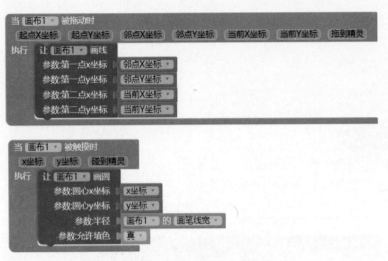

图3-12 画线代码

（4）编写拍照功能——将拍照的图片设置为画布背景（见图3-13）。

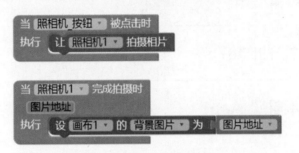

图3-13 拍照代码

"拍照涂鸦板"完整代码如图 3-14 所示。

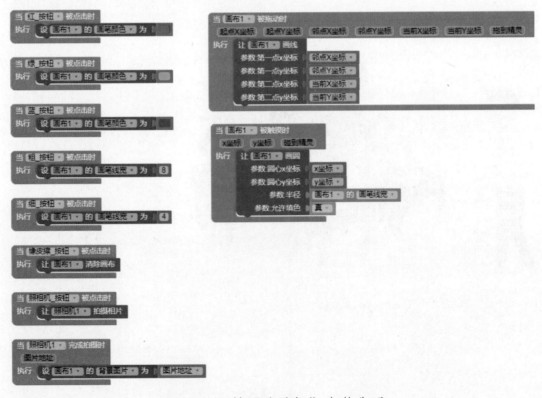

图3-14 "拍照涂鸦板"完整代码

现在我们拥有了一个既能拍照又能涂鸦的 App，跟小伙伴们一起创作更多的涂鸦作品吧！

本课评价

班级：_____ 姓名：_____

完成学习评价表（请用"√"的方式填写）	
是否清楚"画布组件"的作用？	清楚（ ） 一知半解（ ） 不清楚（ ）
是否清楚"相机组件"的作用？	清楚（ ） 一知半解（ ） 不清楚（ ）
是否完成了"创意涂鸦板"App？	完成（ ） 需要帮助（ ）
是否完成了"拍照涂鸦板"App？	完成（ ） 需要帮助（ ）

字迹端正　书写正确

第4课　猜数字

本课问题

　　如果在我的脑海中随机想一个 0～100 的自然数，你能在几个回合内猜出来？这是两个人就可以进行的"猜数字"游戏，简单有趣。可如果只有你一个人，想要玩"猜数字"的游戏可就不简单了！

关键词汇 **全局变量：** 定义一个值，可以被本程序所有对象或函数引用的变量。
随机数模块： 可以生成编程人员设定范围随机数的功能模块。

活动一： 猜数字游戏

情景描述

　　"猜数字"是一个古老的密码破译类益智小游戏，起源于 20 世纪中期，通常由两个人或更多人一起玩，一方出数字，另一方猜。A 同学心里想一个数字（数字不要变），B 同学猜，如果猜大了 A 同学就说"大了"，猜小了 A 同学就说"小了"，直到 B 同学猜对为止。

概念解析

　　在玩猜数字游戏时通常有两个目标：一是保证在猜测次数限制下赢得游戏；二是使用尽量少的猜测次数。第一个目标追求的是最坏情况下的猜测次数最少，第二个目标追求的是平均情况下猜测次数最少。

头脑风暴

　　和你的朋友进行一场"猜数字"大对决吧！看看谁能在最少回合内猜出对方的数字。

情景描述

猜数字游戏是不是很有趣？把这个有趣的小游戏制作成 App 吧，这样就可以随时随地玩游戏了！在我们即将制作的游戏中，会出现一个礼物盒，里面装着神秘的礼物，只有猜中了价格，你才能成功打开盒子！

概念解析

在"猜价格"游戏的开发过程中，我们会学习到变量和随机数。随机数模块可以生成你想要区间中的一个数，当我们输入一个数字后，单击"确定"，就可以判断这个数与随机数的大小关系。

操作步骤

1. 新建项目

（1）新建一个项目。

（2）上传一张礼盒素材和礼物素材。

2. 界面设计

根据组件列表添加组件。

（1）设置"垂直布局"的"水平对齐"和"垂直对齐"为"居中"，"高度"和"宽度"为"充满"。

（2）设置"图片"的"高度"和"宽度"为"200 像素"。

（3）设置"标签1"的"显示文本"为"提示：以上物品价格在1~100之间"。

（4）设置"水平布局"的"水平对齐"和"垂直对齐"为"居中"，"高度"为"自动"，"宽度"为"充满"。

（5）设置"按键1"的"显示文本"为"确定"。

（6）设置"按键2"的"显示文本"为"重新开始"。

（7）设置"标签2"的"显示文本"为"状态"，"高度"为"40像素"，"宽度"为"自动"。

"猜价格"界面设计如图4-1所示。

图4-1　"猜价格"界面设计

3. 程序设计

切换至编程界面。

（1）编写猜数功能——在文本框中输入一个数后，单击按键开始猜数（见图4-2）。

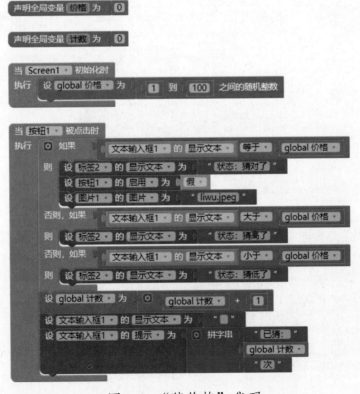

图4-2　"猜价格"代码

（2）编写初始化功能——初始化所有参数（见图4-3）。

图4-3 "猜价格"初始化代码

"猜价格"完整代码如图4-4所示。

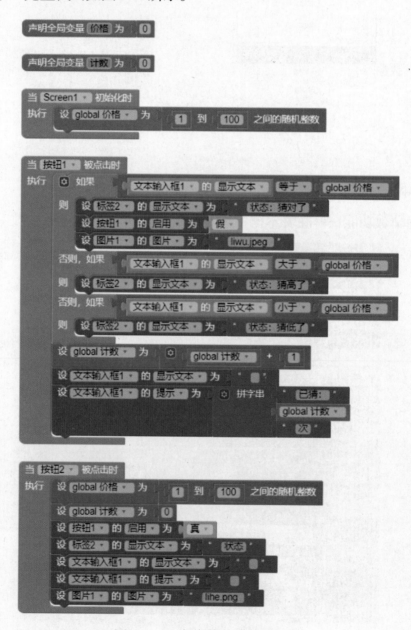

图4-4 "猜价格"完整代码

头脑风暴

（1）尝试根据自己的喜好修改"礼物"和"价格"，让小伙伴猜猜看吧！

（2）结合之前学习的知识思考，如果猜错了价格，如何让应用跳出温馨提示呢？

观点表达

对于头脑风暴中提出的任务和问题，请和你的小伙伴们讨论交流，并把你们的想法记录下来吧！

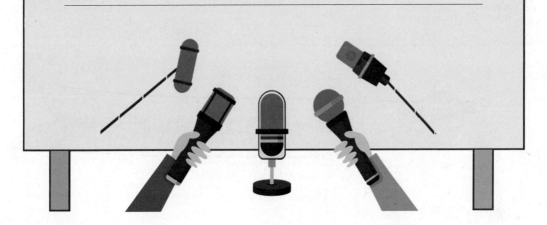

本课评价

班级：＿＿＿＿＿＿＿＿ 姓名：＿＿＿＿＿＿＿＿

完成学习评价表（请用"√"的方式填写）	
是否清楚"随机数模块"的作用？	清楚（　）一知半解（　）不清楚（　）
是否完成了"猜价格"应用？	完成（　）　　　需要帮助（　）

字迹端正　书写正确

第5课　打地鼠

本课问题

你玩过"打地鼠"吗？在游戏中，我们需要用锤子敲击不断冒出来的地鼠，把它们赶走。如果我们要制作一款打地鼠的游戏，需要用到 App Inventor 中的哪些功能呢？

关键词汇 **计时器组件：** 具有计时功能的组件。

活动一：认识农田破坏者——地鼠

情景描述

当我们提到地鼠的时候，就会想起一款名叫"打地鼠"的游戏。在游戏中，地鼠会不断地从洞里冒出来，而玩家则要用手中的木槌赶跑这些源源不断出现的地鼠们。

图5-1 地鼠洞（图片来自网络）

在现实生活中，农夫们如果在田里发现了地鼠（见图 5-1），也会想办法把它们赶走。

人们为什么要打地鼠呢？原来，地鼠多以植物的地下茎及绿色部分为食，尤其喜欢啃食多汁的植物根部，在寻找食物的过程中还会在农田里肆无忌惮地打洞，破坏庄稼的生长，因此人们非常痛恨地鼠。

活动二： 打地鼠

我们要制作的"打地鼠"游戏，灵感来自一款经典的街机游戏 Whac-A-Mole，玩家手执木槌，每当小动物从洞中冒出来时，玩家就用木槌击打它们，击中即可得分。而这些有趣的互动操作，都可以在一张"画布"上完成。

概念解析

画布（以及屏幕）可以看作是由 x（水平）坐标和 y（垂直）坐标织成的网格，其左上角的（x，y）坐标为（0，0）。x 坐标向右为增大，y 坐标向下为增大。

操作步骤

首先，我们需要把"地鼠们"先带到"画布"上。

1.新建项目

（1）新建一个项目。

（2）上传一张透明背景的地鼠图片素材。

2.界面设计

根据组件列表添加组件

（1）设置"Screen1"的"水平对齐"和"垂直对齐"为"居中"。

（2）设置"画布"的"高度"和"宽度"为"充满"。

（3）设置"标签"的"显示文本"为"命中 0 次"和"失败 0 次"。

（4）设置"标签"的"显示文本"为"开始游戏"。

（5）从左侧组件面板中选择"用户界面"，将"文本输入框"拖动到工作区域。

（6）从左侧组件面板中选择"传感器"，将三个"计时器"拖动到工作区域。

"打地鼠"界面设计如图 5-2 所示。

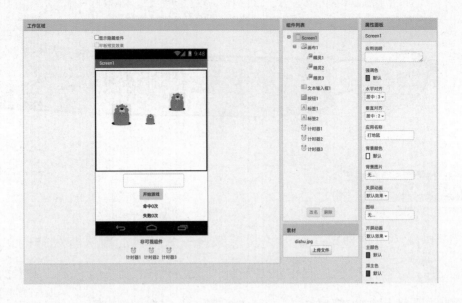

图5-2 "打地鼠"界面设计

3. 程序设计

切换至编程界面。

（1）从左侧面板 ■过程 中选择 ⚙定义过程 我的过程 执行，拖动到工作区域。

（2）从左侧面板 🏃精灵1 中选择 让 精灵1 移动到指定位置 参数:x坐标 参数:y坐标，拖动到工作区域。

（3）从左侧面板 ■数学 中选择 1 到 100 之间的随机整数，拖动到工作区域。

（4）从左侧面板 🖌画布1 中选择 画布1 的 宽度，拖动到工作区域。

（5）从左侧面板 🏃精灵1 中选择 精灵1 的 宽度，拖动到工作区域。

（6）从左侧面板 ⏱计时器1 中选择 当 计时器1 到达计时点时 执行，拖动到工作区域。

（7）从左侧面板 ■过程 中选择 调用 移动地鼠，拖动到工作区域。

"打地鼠"完整代码如图 5-3 所示。

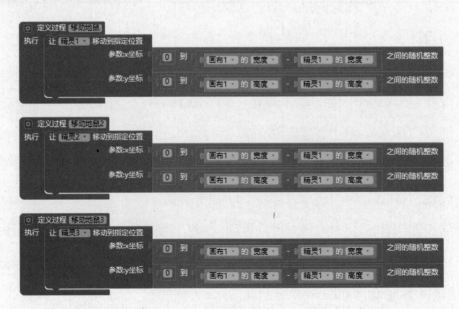

图5-3 "打地鼠"完整代码

这样画布上就会出现不断移动位置的三只地鼠了。

头脑风暴

（1）试想，如果不用画布的宽度和高度减掉精灵的宽度和高度，会出现什么情况？

（2）试着调整各项参数进行美化，制作一个独一无二的界面吧！

观点表达

对于头脑风暴中提出的任务和问题，请和你的小伙伴们讨论交流，并把你们的想法记录下来吧！

活动三： 打地鼠计分板

情景描述

我们还可以为"打地鼠"游戏添加一个计分功能，这样就可以和小伙伴进行打地鼠比赛，看看谁更厉害啦！

概念解析

利用计时器组件可以记录地鼠移动的时间，从而来控制地鼠的移动频率。

一只地鼠随机出现在屏幕上，每秒钟移动一次。玩家用手指触摸地鼠，若碰到地鼠，则让设备振动，并显示命中数增加1，然后地鼠立即移动到一个新位置；若手指直接触摸到屏幕但没击中地鼠，则显示失败数增加1。单击"重新开始"按钮，游戏重新开始，命中和失败的计数归零。

操作步骤

程序设计

切换至编程界面。

（1）编写记分功能——实现命中和失败记分（见图5-4）。

声明全局变量 失败次数 为 0

声明全局变量 命中次数 为 0

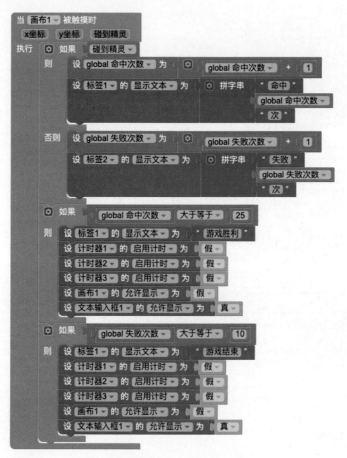

图5-4 记分功能代码

（2）编写地鼠显示功能——实现触碰到"地鼠"后刷新"地鼠"位置（见图5-5）。

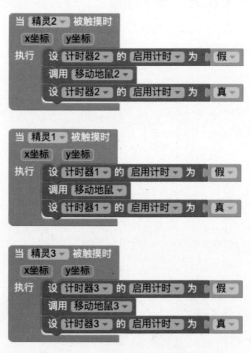

图5-5 地鼠刷新代码

（3）编写初始化功能——实现游戏开始和难度设置（见图5-6）。

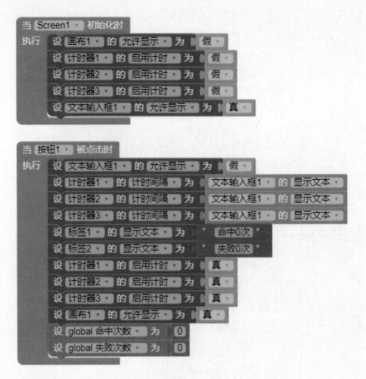

图5-6 初始化代码

（1）尝试添加两个按钮，修改计时器的间隔时间来调整游戏难度吧！

（2）添加一个地鼠以外的精灵，如果打到它，就减少得分或直接结束游戏。

对于头脑风暴中提出的任务，请和你的小伙伴们讨论交流，并把你们的想法记录下来吧！

本课评价

班级：_____ 姓名：_____

完成学习评价表（请用"√"的方式填写）	
是否完成了简单"打地鼠"应用？	完成（　　）　　　　需要帮助（　　　）
是否清楚"计时器组件"的作用？	清楚（　　）一知半解（　　）不清楚（　　）
是否清楚"画布"的作用？	清楚（　　）一知半解（　　）不清楚（　　）

字迹端正　书写正确

第6课 文字识别

本课问题

我们在日常的学习和工作中，需要处理大量的文字，而计算机的出现大幅加快了这类工作的效率。但想把纸张上的文字输入计算机中，却还是要花许多时间。有没有更快捷的方法呢？

关键词汇 **文字识别**：利用计算机自动识别字符，以处理大量的文字、报表和文本的技术。

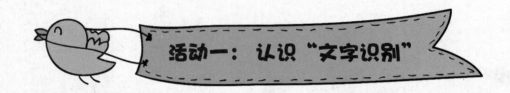

活动一：认识"文字识别"

情景描述

人们在生产和生活中，要处理大量的文字、报表和文本。为了减轻人们的劳动，提高处理效率，从20世纪50年代起就已经有人研究"文字识别"了。

"文字识别"可应用于许多领域，如阅读、翻译、文献资料的检索、信件和包裹的分拣、稿件的编辑和校对、文档检索、各类证件识别等，方便用户快速录入信息，提高各行各业的工作效率。"文字识别"需要你将想要识别的信息拍成照片（见图6-1），通过软件进行识别，再利用后台数据库的数据进行比对，从而成功转换图片中的文字。

图6-1 拍摄需要识别的文字

活动二：文字识别 App

科技改变了我们的生活方式，人工智能也让我们的生活越来越方便，当你看书看到一段好文字，想记录下来，但是身边又没有笔的时候，就可以使用手机中的应用进行文字识别并保存下来。

概念解析

想让手机实现文字识别，我们需要使用到百度文字识别的 API（具体注册方法参考本书第 23 课活动二）。先用相机拍摄图片，再将图片传输到 API 进行文字识别。

API 即应用程序编程接口。如果一个程序的 API 是开放的，那么任何人都可以使用开发的应用去调用这个程序的数据。

操作步骤

1. 新建项目

（1）新建一个项目。

（2）导入扩展组件 SimpleBase64（见图 6-2）。

图6-2 导入扩展组件

2. 界面设计

根据组件列表添加组件。

（1）设置"Screen1"的"水平对齐"和"垂直对齐"为"居中"。

（2）设置"画布"的"高度"和"宽度"为"充满"。

（3）设置"水平布局"的"水平对齐"和"垂直对齐"为"居中"，"高度"为"自动"，"宽度"为"充满"。

（4）设置"按键1"的"显示文本"为"修改"。

（5）设置"按键2"的"显示文本"为"拍照"。

（6）设置"音效播放器"的"源文件"为开关音效素材。

"文字识别"界面设计如图6-3所示。

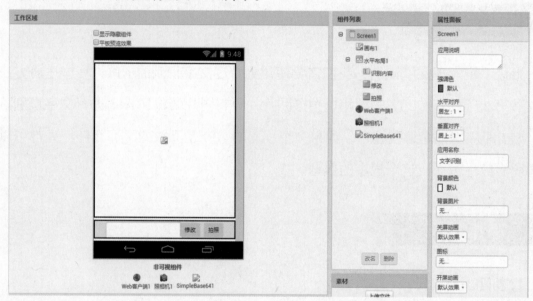

图6-3 "文字识别"界面设计

3. 程序设计

切换至编程界面。

"文字识别"完整代码如图6-4所示。

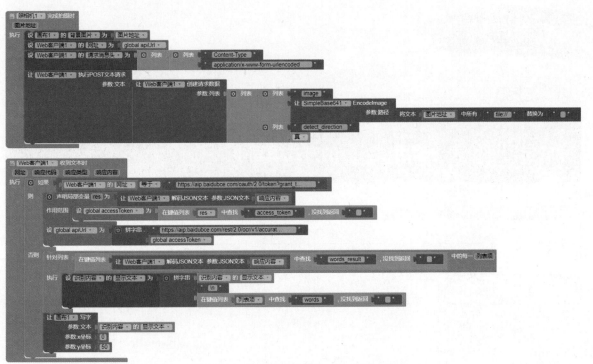

图6-4 "文字识别"完整代码

头脑风暴

"文字识别"技术可以运用在日常生活中的哪些场景？请把你的金点子写下来。

观点表达

对于头脑风暴中提出的问题，请和你的小伙伴们讨论交流，并把你们的想法记录下来吧！

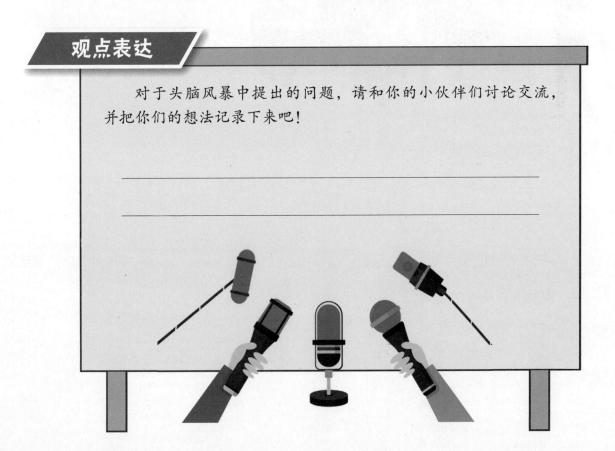

本课评价

班级：_____ 姓名：_____

完成学习评价表（请用"√"的方式填写）	
是否清楚"文字识别"的作用？	清楚（ ）一知半解（ ）不清楚（ ）
是否完成了"文字识别"App？	完成（ ） 需要帮助（ ）

字迹端正　书写正确

第7课　植物识别

本课问题

在生活中，我们经常会看到许多不认识的新鲜事物。可是眼睛看到的东西无法像文字那样进行查阅，有没有办法通过图像就能获得相关的信息呢？

关键词汇

图像识别： 利用计算机对图像进行处理、分析和理解，以识别各种不同模式的目标和对象的技术。

API： 应用程序编程接口。如果程序API是开放的，别的程序就能够调用这个程序的数据。

活动一：万能的 API

情景描述

程序员 A 开发了软件 A，程序员 B 正在研发软件 B。

有一天，程序员 B 想要调用软件 A 的部分功能，但是他又不想从头写一遍软件 A 的源码和功能实现过程，怎么办呢？

程序员 A 想到一个好主意：他把软件 A 里程序员 B 需要的功能打包好，写成一个函数。程序员 B 在设计时直接调用这个函数放在软件 B 里，就能直接实现功能了。

其中，API 就是程序员 A 打包的那个函数。

概念解析

当我们在编写程序时，想要实现某一功能，例如：计算器，我们有两种实现方法，一种是把有关计算器的所有代码都写出来，开发好的程序就能实现计算器的功能；另一种方法特别讨巧，就是将现成的计算器代码打包成某个函数，在写程序的时候直接调用这个函数，就实现了计算器的功能。我们把这种方法称作 API。灵活地运用 API，可以简化应用程序开发的过程，节省时间和成本，带来更多的创新机会。

活动二：植物识别

情景描述

周末，你和爸爸妈妈在公园散步时看到一种很漂亮的花。爸爸说是月季，妈妈却说是玫瑰，而你觉得是蔷薇。你们争执不下，这时该怎么办呢？

概念解析

植物识别 App 可以帮助我们快速识别花的种类。我们已经使用 API 实现了文字识别功能，只要稍加改造，便可以开发出一个植物识别 App 了。

操作步骤

1. 新建项目

（1）新建一个项目。

（2）导入扩展组件 SimpleBase64（见图 7-1）。

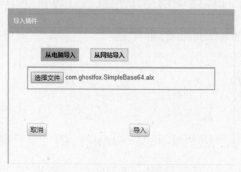

图7-1 导入扩展组件

2. 界面设计

根据组件列表添加组件。

（1）设置"Screen1"的"水平对齐"和"垂直对齐"为"居中"。

（2）设置"画布"的"高度"和"宽度"设置为"充满"。

（3）设置"水平布局"的"水平对齐"和"垂直对齐"为"居中","高度"为"自动","宽度"为"充满"。

（4）设置"标签1"的"显示文本"为"请拍照识别植物"。

（5）设置"按键1"的"显示文本"为"拍照"。

"植物识别"界面设计如图7-2所示。

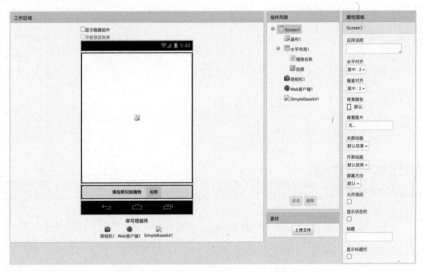

图7-2 "植物识别"界面设计

3. 程序设计

切换至编程界面。

"植物识别"完整代码如图7-3所示。

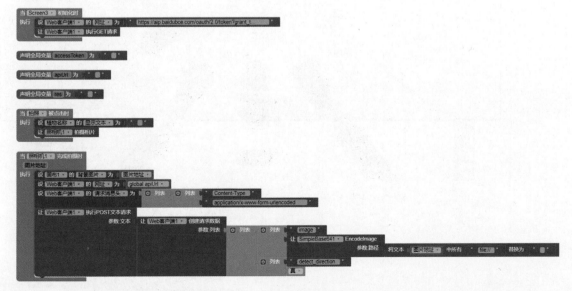

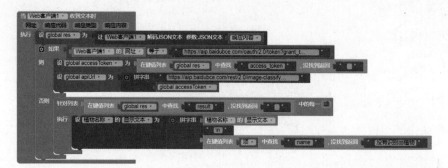

图7-3 "植物识别"完整代码

现在我们可以使用这个 App 来识别各种各样的植物了!

头脑风暴

有没有发现植物识别和文字识别的代码几乎一样?尝试挑战一下使用其他的 API,实现更多的识别并和同学们分享吧!

观点表达

对于头脑风暴中提出的问题,请和你的小伙伴们讨论交流,并把你们的想法记录下来吧!

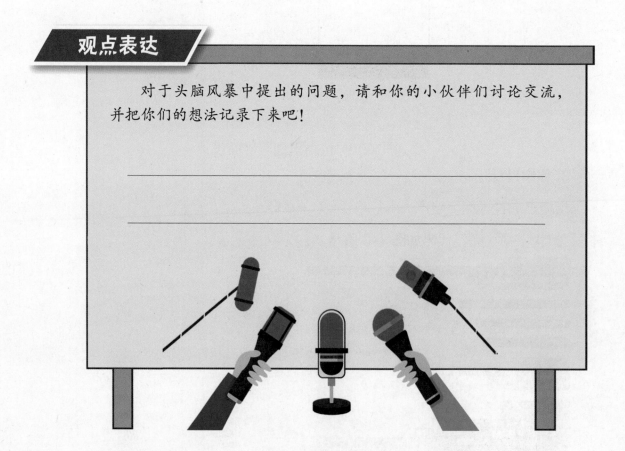

本课评价

班级：_____ 姓名：_____

完成学习评价表（请用"√"的方式填写）

是否清楚"API"的作用？	清楚（　）一知半解（　）不清楚（　）
是否清楚"图像识别"的作用？	清楚（　）一知半解（　）不清楚（　）
是否完成了"植物识别"App？	完成（　）　　　需要帮助（　）

字迹端正　书写正确

第8课　语音识别与智能家居

本课问题

A先生起床就有准备好的早餐，出门后扫地机器人就开始打扫卫生，回家时晚饭已经准备好了，空调已经将屋子吹得暖暖的，音响正在播放着美妙的音乐……这些家居为什么会自己工作呢？

关键词汇

语音识别器：可以将识别的语音转换成文字的功能模块。

语音合成器：可以将识别的文字转换成语音的功能模块。

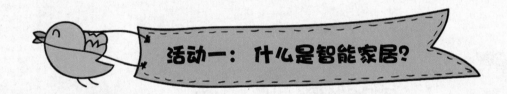

活动一：什么是智能家居？

情景描述

智能家居是在互联网影响之下物联化的体现。智能家居通过物联网技术将家中的各种设备（如音视频设备、照明系统、窗帘控制、空调控制等）连接到一起。与普通家居相比，智能家居不仅具有传统的居住功能，而且兼备建筑、网络通信、信息家电、设备自动化，为主人提供全方位的信息交互功能，甚至还能节约各种能源费用。

概念解析

一部手机可以做什么？控制灯光，控制空调，控制洗衣机，控制电视，控制扫地机器人，控制门锁……前提是这些设备都支持物联网，都能在网上有独立的标识。使用手机通过网络控制这些设备，一部手机连接万物，让你的生活更智能、便利、舒适、安全。

在拥有自己的智能房屋前，我们可以先制作一个控制器，把要控制的设备显示在户型图中，实现模拟控制。

操作步骤

1. 新建项目

（1）新建一个项目。

（2）上传户型图，麦克风素材，灯亮、灯灭图片素材，开关音效素材等。

2. 界面设计

根据组件列表添加组件。

（1）设置"Screen1"的"水平对齐"和"垂直对齐"为"居中"。

（2）设置"画布"的"背景图片"为户型图素材，"高度"和"宽度"为"充满"。

（3）设置"精灵"的"图片"为灯灭素材，"高度"和"宽度"为"30像素"。

（4）设置"按键1"的"图片"为麦克风素材，"高度"和"宽度"为"40像素"。

（5）设置"音效播放器"的"源文件"为开关音效素材。

"智能家居"界面设计如图8-1所示。

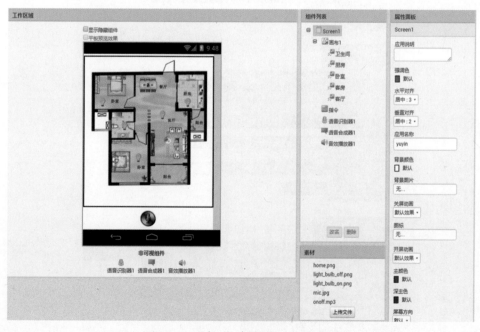

图8-1 "智能家居"界面设计

3. 程序设计

切换至编程界面。

编写按键控制功能——通过触摸屏幕中的灯控制灯开关（见图8-2）。

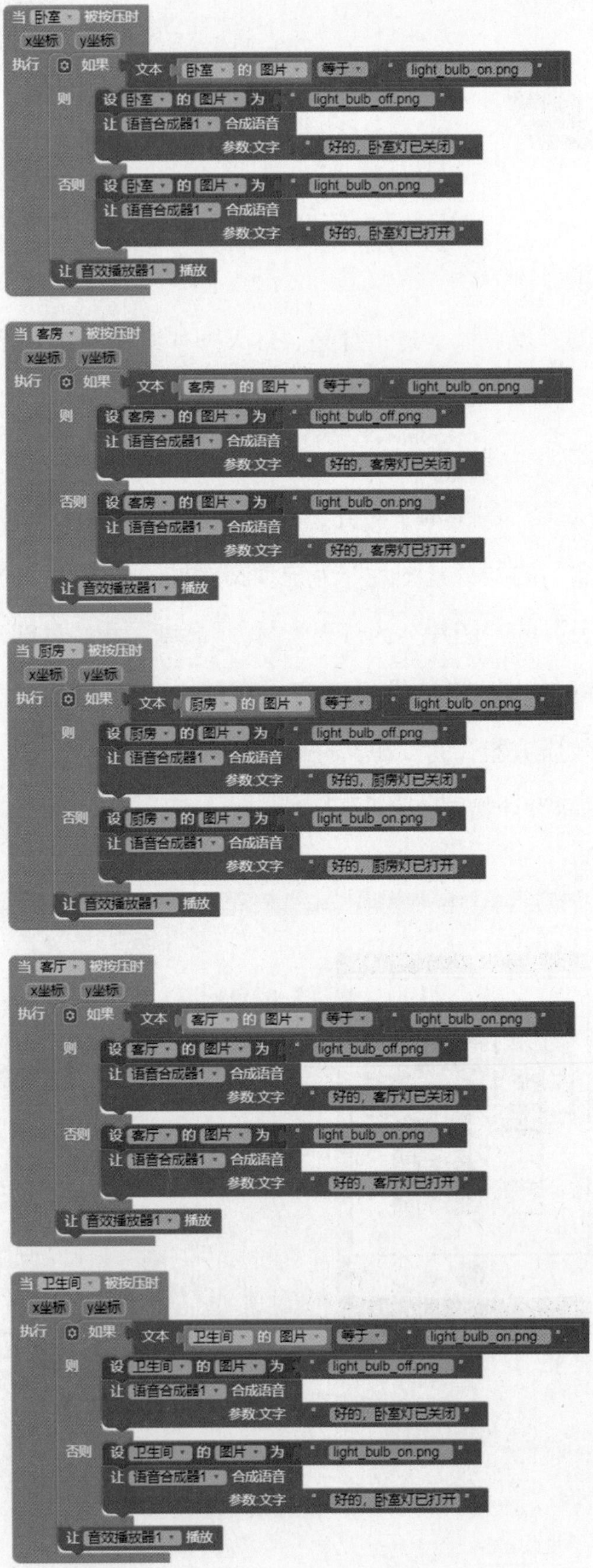

图8-2　"智能家居"完整代码

你也可以将自己家的户型图画出来，替换到 App 中，为将来的智能家居做好准备哦！

头脑风暴

智能家居让我们的生活更加便利，这种功能在我们的城市运营中，在城市大数据的背景下，还能应用于哪些场景？请根据发生在身边的真实情况，创想金点子并与同学们进行头脑风暴。

观点表达

对于头脑风暴中提出的问题，请和你的小伙伴们讨论交流，并把你们的想法记录下来吧！

活动二： 语音助手

"小艺小艺""小爱同学"，只需说出一句指令，语音助手就能帮你完成许多事情。通过简单的编程，我们也可以拥有属于自己的语音管家。

概念解析

智能家居的智能体现在与人的交互上，在使用的时候觉得像是与人在交流。我们现在只需要简单修改，加入"语音识别"和"语音合成"模块就能实现与设备的"交流"了。

操作步骤

程序设计

切换至编程界面。

编写语音控制功能——实现语音识别控制开关灯（见图8-3）。

```
当 指令 被按压时
执行 让 语音识别器1 识别语音

当 语音识别器1 完成识别时
返回结果
执行 如果 文本 返回结果 中包含 " 灯 "
    则 如果 文本 返回结果 中包含 " 开 "
        则 如果 文本 返回结果 中包含 " 卧室 "
            则 设 卧室 的 图片 为 light_bulb_on.png
               让 语音合成器1 合成语音
                  参数 文字 " 好的，卧室灯已打开 "
        否则，如果 文本 返回结果 中包含 " 客房 "
            则 设 客房 的 图片 为 light_bulb_on.png
               让 语音合成器1 合成语音
                  参数 文字 " 好的，客房灯已打开 "
```

60

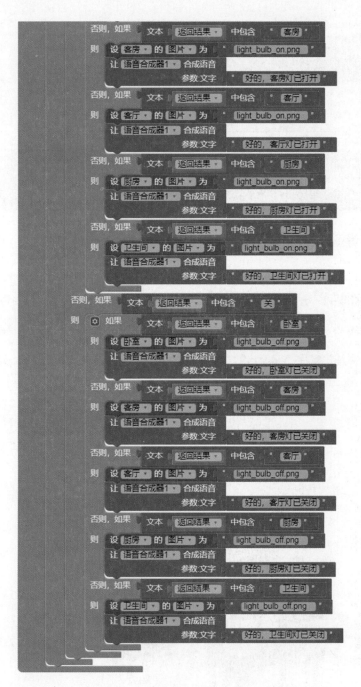

图8-3 "语音助手"完整代码

头脑风暴

想让你的语音助手更强大吗？尝试着在现有的基础上添加更多的设备，让你的语音助手更加智能吧！

本课评价

班级：＿＿＿＿＿＿＿＿＿＿ 姓名：＿＿＿＿＿＿＿＿＿＿

完成学习评价表（请用"√"的方式填写）	
是否清楚"语音识别"的作用？	清楚（　） 一知半解（　） 不清楚（　）
是否为App添加了"语音助手"？	完成（　）　　　　　需要帮助（　）
是否完成了"智能家居"App？	完成（　）　　　　　需要帮助（　）

字迹端正　书写正确

你好！Python的世界 下篇

关键词汇总

【Python】一门简洁、易读、可扩展的计算机程序语言，目前在人工智能科学领域应用广泛。

【运算符】用于执行程序代码运算的符号，可针对一个以上操作数项目进行运算。例如：2+3，其操作数是"2"和"3"，而运算符则是"+"。

【变量】来源于数学，是计算机语言中储存计算结果或表示值的抽象概念。

【斐波那契数列】又称"黄金分割数列"。因数学家列昂纳多·斐波那契（Leonardoda Fibonacci）以兔子繁殖为例而引入，故又称"兔子数列"。

【while】while 语句用于循环执行程序，即在某条件下循环执行某段程序，以处理需要重复处理的相同任务。

【break】break 语句用在 while 和 for 循环中。break 将停止循环，并开始执行接下来的代码。

【树莓派】一种为进行计算机编程教育而设计的、只有银行卡大小的微型电脑。

【串口通信】两个有串口通信协议的设备以串行的方式互相传输数据。

【传感器】：一种可以变换和传递信息的检测装置。

【判断程序】满足条件即执行，不满足条件就不执行。如：if 条件 else ； while（条件） for（ ；条件；）

【开关】一种可以使电路开路、使电流中断或使其流到其他电路的电子元件。

【声音传感器】一种可以检测、测量并显示声音波形的传感器。

【舵机】一种可以控制转动角度的特殊电机。

【摄像头】一种可以捕捉并传播影像的设备。

【人工智能】计算机科学技术的一个分支，利用计算机模拟人类智力活动。

【语音识别】一般特指通过算法，从音频信号中识别出特定的信息。

【图像处理】用计算机对图像进行分析处理，以实现所需结果的技术。

【人脸检测】检测出图像中人脸所在位置的一项技术，广泛应用于自动人脸识别系统中。

【神经计算棒】基于 USB 模式的深度学习推理工具和独立的人工智能（AI）协处理器，其内部核心是一个视觉处理单元。

【设计思维】通过同理心、需求定义、创意动脑、制作原型、实际测试这几个步骤，去解决一个生活中棘手的问题。

第9课　什么是 Python

本课问题

Python 是一种计算机程序设计语言，它强调可读性和简洁的语法，在诞生之初被誉为最容易上手的编程语言。它在多个领域都有广泛的应用，比如当下最火热的大数据分析、人工智能、Web 开发等等。你了解过 python 吗？你知道它和我们前面学习的积木编程有什么区别吗？

> **关键词汇** **Python:** 一门简洁、易读、可扩展的计算机程序语言，目前在人工智能科学领域应用广泛。

活动一：认识 Python

情景描述

Python 简洁、易读、可扩展，类库众多，目前在人工智能、数据分析领域大放光彩，又被成为"胶水语言"。

Python 的创始人是荷兰人吉多·范·罗苏姆（Guido van Rossum，见图 9-1）。1989 年，吉多为了打发无趣的假日时光，决心开发一个新的脚本解释程序，作为 ABC 语言的一种继承。而 Python 这个名字，则来自他所挚爱的电视剧《蒙提·派森的飞行马戏团》（*Monty Python's Flying Circus*）。

图9-1 吉多·范·罗苏姆（图片来自网络）

Python 的语法很接近英语，风格统一，非常优美，而且内置了很多高效的工具。打个比方，同样一项工作，C 语言要 1000 行，Java 要 100 行，Python 可能只要 10 行。Python 常被称为"胶水语言"，能够很轻松地把其他语言制作的各种模块联结在一起，再加上强大的机器学习功能库的支持，使得 Python 被誉为最好的人工智能语言。

活动二： 输入与输出

情景描述

想要学习一门新的计算机语言，我们可以先用它编一个"Hello World!"（见图 9-2）。"Hello World!"中文意思是"你好，世界!"，C 程序设计语言中使用它做为第一个演示程序，因此非常著名，后来的程序员在学习编程或进行设备调试时也延续了这一习惯。

图9-2 Hello Word!

概念解析

输出函数：括号中可以输入数字或字符串等类型的数据，运行后括号中的数据显示在调试窗口中（见图 9-3）。

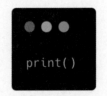

图9-3 输出函数

输入函数：括号中可以输入数字或字符串等类型的数据，运行后括号中的数据会被输出，作为提示显示在调试窗口中，然后可以使用键盘输入数据，按回车完成输入（见图 9-4）。

```
input()
```

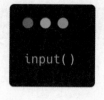

图9-4 输入函数

操作步骤

方法一：直接打印“Hello World!”。

（1）在编辑器中使用输出函数代码（见图 9-5）。

（2）运行程序，结果如图 9-6 所示。

```
print("Hello World!")
```

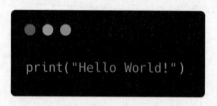

图9-5 输出函数代码

```
Hello World!
```

图9-6 运行结果

方法二：运用输入函数接收输入的“Hello World!”，并赋值给变量 a，最后打印出变量 a 的值。

（1）在编辑器中使用输入函数代码（见图 9-7）。

（2）运行程序，结果如图 9-8 所示。

```
a = input("请输入：")
print(a)
```

图9-7 输入函数代码

```
请输入：Hello World!
Hello World!
```

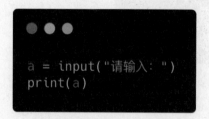

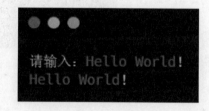

图9-8 运行结果

本课评价

班级：＿＿＿＿＿＿＿＿＿＿＿　姓名：＿＿＿＿＿＿＿＿＿＿＿

完成学习评价表（请用"√"的方式填写）	
是否清楚"输出函数"的作用?	清楚（　）一知半解（　）不清楚（　）
是否清楚"输入函数"的作用?	清楚（　）一知半解（　）不清楚（　）
是否完成了"Hello World!"?	完成（　）　　需要帮助（　）

字迹端正　书写正确

第10课 Python 与数学

本课问题

数学中有许多加减乘除运算，它们本身并不难，但是数量太多的话也会变得很麻烦。能不能利用 Python 来帮助我们完成一些简单的运算呢？

关键词汇 **运算符：**用于执行程序代码运算的符号，可针对一个或一个以上操作数项目进行运算。例如：2+3，其操作数是"2"和"3"，而运算符则是"+"。

活动一：Python中的运算符

情景描述

四则运算是小学数学的重要内容，也是学习其他各有关知识的基础。其中的运算符在 Python 中也起到了重要的作用，例如：在"3 +5 = 8"中，"3"和"5"被称为操作数，"+"被称为运算符。

概念解析

Python 中有以下八种类型的运算符：

算术运算符、比较（关系）运算符、赋值运算符、逻辑运算符、位运算符、成员运算符、身份运算符、运算符优先级。

算术运算符的使用方法：

算术运算符	描述	用法
+	加	x + y
−	减	x − y
*	乘	x * y
/	除	x / y
%	取模	x % y
**	幂	x ** y
//	整除	x // y

操作步骤

通过简单的代码，我们就可以在 Python 中完成基础的运算。

（1）输入加法运算代码（见图 10-1）。

（2）运行程序，结果如图 10-2 所示。

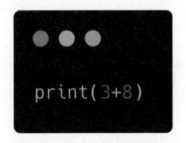

图10-1 加法运算代码

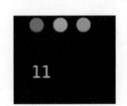

图10-2 运行结果

头脑风暴

（1）两人一组，相互出题，使用 Python 的不同运算符写出程序，运行并查看结果。

（2）用纸笔计算 3+5/3//2 的值，再用 Python 验算。

对于头脑风暴中提出的问题，请和你的小伙伴们讨论交流，并把你们的想法记录下来吧！

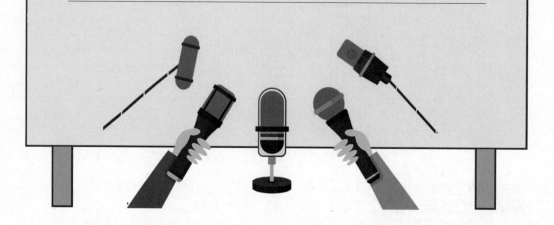

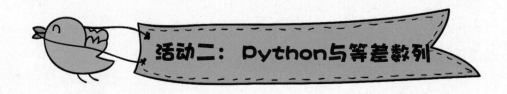

活动二：Python与等差数列

情景描述

德国著名数学家高斯有一个很出名的故事，他用很短的时间计算出了小学数学老师布置的任务：对从 1~100 的自然数求和。他所使用的方法是：对 50 对构造成和为 101 的数列求和（1+100，2+99，3+98…），很快得到结果：5050。这一年，高斯九岁。

概念解析

等差数列是指从第二项起，每一项与它的前一项的差等于同一个常数的一种数列，其中等差数列的首项为 a_1，末项为 a_n，项数为 n，公差为 d，前 n 项和为 S_n。

$$S_n = (a_1 + a_n) * n \div 2$$

将等差数列的公式输入 Python 中，就可以运算出答案，一起来试试吧！

（1）输入等差数列的代码（见图 10-3），计算 1~100 之间的自然数列的和。

（2）运行程序，结果如图 10-4 所示。

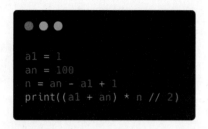

图10-3 等差数列代码

图10-4 运行结果

头脑风暴

（1）利用 Python 计算 50~5050 之间自然数的和。

（2）利用 Python 计算 -100~-1 之间负整数的和。

本课评价

班级：_____ 姓名：_____

完成学习评价表（请用"√"的方式填写）		
是否利用Python完成了简单运算?	完成（　　）	需要帮助（　　）
是否清楚Python中"运算符"的作用?	清楚（　　）一知半解（　　）不清楚（　　）	
是否利用Python完成了等差数列的计算?	完成（　　）	需要帮助（　　）

字迹端正　书写正确

第11课　变量与数据类型

在初等数学中，变量是表示数字的字母字符，具有任意性和未知性。把变量当作和显式数字一样，对其进行代数计算，可以在单个计算中解决很多问题。在计算机语言中也存在变量，它和数学中的变量有什么不同呢？

关键词汇 **变量：** 来源于数学，是计算机语言中储存计算结果或表示值的抽象概念。

活动一：变量

情景描述

一般在编程语言中出现变量需要进行变量声明，用于向程序表明变量的类型和名字。Python 中的变量不需要像其他语言那样声明。每个变量在使用前都必须赋值，变量赋值以后该变量才会被创建。在 Python 中，变量就是变量，它没有类型，我们所说的"类型"是变量所指的内存中对象的类型。

概念解析

等号 "=" 运算符用来给变量赋值，左边是一个变量名，右边是存储在变量中的值。

1.变量赋值

单个变量赋值代码（见图11-1）。

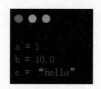

图11-1 单个变量赋值

2.多重赋值

多个变量赋值代码（见图11-2）。

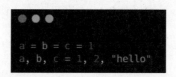

图11-2 多个变量赋值

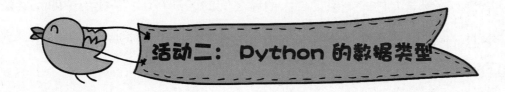

活动二： Python 的数据类型

情景描述

Python3 中有六个标准的数据类型：数字（number）、字符串（string）、列表（list）、元组（tuple）、集合(set)和字典（dictionary）。

概念解析

1. 数字（number）

Python3 支持整型（int）、浮点型（float）、布尔型（bool）和复数（complex）。

2. 字符串（string）

Python 中的字符串用单引号或双引号括起来，同时使用反斜杠"\\"转义特殊字符。

3. 列表（list）

列表（list）是 Python 中使用最频繁的数据类型。

列表可以完成大多数集合类的数据结构实现。列表中元素的类型可以不相同，它支持数字、字符串甚至可以包含列表（所谓"嵌套"）。列表是写在方括号 [ ] 之间、用逗号分隔开的元素列表。

4. 元组（tuple）

元组（tuple）与列表类似，不同之处在于元组的元素不能修改。元组写在小括号（）里，元素之间用逗号隔开。

5. 集合（set）

集合（set）是由一个或数个形态各异的大小整体组成的，构成集合的事物或对象称作元素或是成员。可以使用大括号 { } 或者 set（）函数创建集合，注意：创建一个空集合必须用 set（）而不是 { }，因为 { } 是用来创建一个空字典的。

6. 字典（dictionary）

字典（dictionary）是 Python 中另一个非常有用的内置数据类型。列表是有序的对象集合，字典是无序的对象集合。两者之间的区别在于：字典当中的元素是通过键值存取的，而不是通过偏移存取。字典是一种映射类型，字典用 { } 标识，它是一个无序的键（key）: 值（value）的集合。

操作步骤

1. 输出变量的数据类型

输入代码，显示变量的数据类型（见图 11-3）。

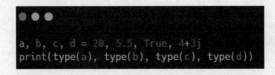

图11-3 输出变量的数据类型代码

运行程序，结果如图 11-4 所示。

图11-4 运行结果

2. 输出字符串

输入显示字符串的代码（见图11-5）。

```
str = 'Hello World!'
print(str)
```

图11-5 输出字符串代码

运行程序，结果如图 11-6 所示。

Hello World!

图11-6 运行结果

头脑风暴

请试着再写出两组数字（number）类型或字符串（string）类型的数据。

观点表达

对于头脑风暴中提出的任务，请和你的小伙伴们讨论交流，并把你们的想法记录下来吧！

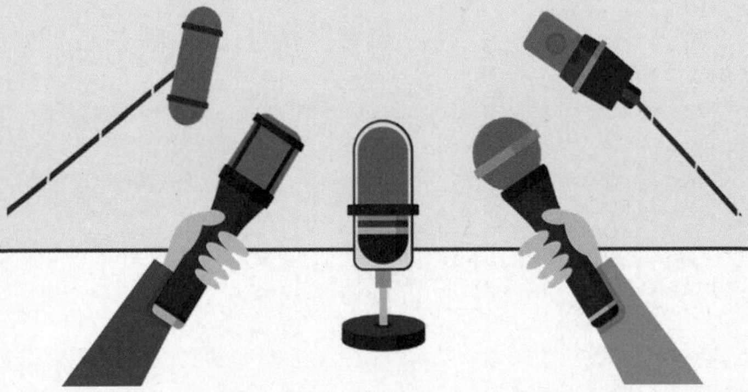

本课评价

班级：_____　姓名：_____

完成学习评价表（请用"√"的方式填写）	
是否完成了"变量赋值"和"多重赋值"？	完成（　　）　　　　需要帮助（　　　）
是否清楚Python中"变量"的作用？	清楚（　）一知半解（　）不清楚（　）
是否清楚Python中各种"数据类型"的表达方式？	清楚（　）一知半解（　）不清楚（　）

字迹端正　书写正确

第12课　斐波那契数列

本课问题

你们听说过斐波那契数列吗？它和等差数列一样，具有独特的规律，在我们的身边就隐藏着许多斐波那契数列中的规律数字哦。

关键词汇　斐波那契数列：又称"黄金分割数列"。因数学家列昂纳多·斐波那契（Leonardoda Fibonacci）以兔子繁殖为例而引入，故又称"兔子数列"。

活动一：　斐波那契数列

情景描述

斐波那契数列中的斐波那契数其实在我们身边就能找到，比如，在蜂巢、松果、凤梨、某些花的花瓣、某些植物的叶片等构造中，就存在着斐波那契数列中的数字（见图 12–1、12–2 ）。

图12–1　向日葵与斐波那契数列

图12–2　松果与斐波那契数列

斐波那契数列指的是这样一个数列：1，1，2，3，5，8，13，21…在数学中，斐波纳契数列以递推的方法定义，如下：$F(1)=1$，$F(2)=1$，$F(n)=F(n-1)+F(n-2)$（$n>=3$，$n \in N^*$）。在现代物理、化学等领域中，斐波纳契数列都有直接的应用。

头脑风暴

（1）观察一下身边还有哪些事物和斐波那契数列中的数有关。

（2）你能算出斐波那契数列中的第 15 个数是多少吗？

观点表达

对于头脑风暴中提出的任务和问题，请和你的小伙伴们讨论交流，并把你们的想法记录下来吧！

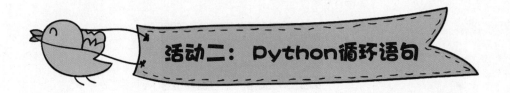

活动二：Python循环语句

Python 的循环语句非常实用。Python 中的循环语句有 for 和 while，需要注意语句结尾处有冒号，需要循环的内容要缩进。

while 语句的一般形式如图 12-3 所示。

图12-3 while语句代码

for 语句的一般形式如图 12-4 所示。

图12-4 for语句代码

循环语句常见的用法是结合 range 函数使用（见图 12-5）。

图12-5 for语句代码

（1）输入 for 语句代码（见图 12-6）。

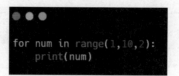

```
for num in range(1,10,2):
    print(num)
```

图12-6 for语句输出数列代码

（2）运行程序，结果如图 12-7 所示。

图12-7 运行结果

头脑风暴

（1）试着修改 range（0，15）括号中的参数，看看运行结果会有什么变化。

（2）请输出 1~100 之间所有偶数的数列。

观点表达

对于头脑风暴中提出的任务，请和你的小伙伴们讨论交流，并把你们的想法记录下来吧！

活动三：Python与斐波那契数列

情景描述

我们已经学习了如何在 Python 中运用数学公式进行计算，那我们能否利用 Python 将斐波那契数列也计算出来呢？

概念解析

（1）在斐波那契数列中，第 n 项的值为前两项之和，如 $a_3 = a_1 + a_2$。

（2）当每次运行时先将 a_1 打印在调试窗口，进行 $a_3 = a_1 + a_2$ 计算，得到 a_3 的值，再将 a_2 的值赋值给 a_1，a_3 的值赋值给 a_2，这样 a_1、a_2、a_3 就被赋予新值，再进行下一次运行。

（3）运行过程表。

运行次数	a_1	a_2	a_3
1	1	1	2
2	1	2	3
3	2	3	5
4	3	5	8
5	5	8	13
6	8	13	21

操作步骤

（1）输入计算斐波那契数列的代码（见图12-8）。

```
a1, a2, tmp, n = 1, 1, 0, 10
for i in range(n):
    print(a1)
    a1, a2 = a2, a1 + a2
```

图12-8 计算斐波那契数列的代码

（2）运行程序，结果如图 12-9 所示。

图12-9 运行结果

请尝试修改 range（0，10）括号中的的参数，看看运行结果会有什么变化？

本课评价

班级：_____　　姓名：_____

完成学习评价表（请用 "√" 的方式填写）	
是否完成了 "斐波那契数列" 的计算?	完成（　　）　　　　需要帮助（　　　）
是否清楚Python中 "循环语句" 的作用?	清楚（　）一知半解（　）不清楚（　）

字迹端正　书写正确

第13课 抽 签

本课问题

生活中有些事情我们难以做出抉择，通过抽签的方法可以解决选择的尴尬。因为抽到什么都是未知数，所以大家喜欢选择这种方法。那抽签的程序有什么关键知识呢？

关键词汇 while: while 语句用于循环执行程序，即在某条件下循环执行某段程序，以处理需要重复处理的相同任务。

活动一： 随机数

情景描述

随机数是专门的随机试验的结果。真正的随机数是通过物理过程产生的。比如，掷钱币（见图13-1）、投骰子、转转轮等，这些能够产生未知的结果，都能称为随机数。

图13-1 旋转的硬币

概念解析

产生随机数有多种不同的方法，这些方法被称为随机数发生器。随机数最重要的特性是，它所产生的后面的那个数与前面的那个数毫无关系。

头脑风暴

我们身边有哪些事物可以产生随机数？请把它们记录下来并分享给同学们。

观点表达

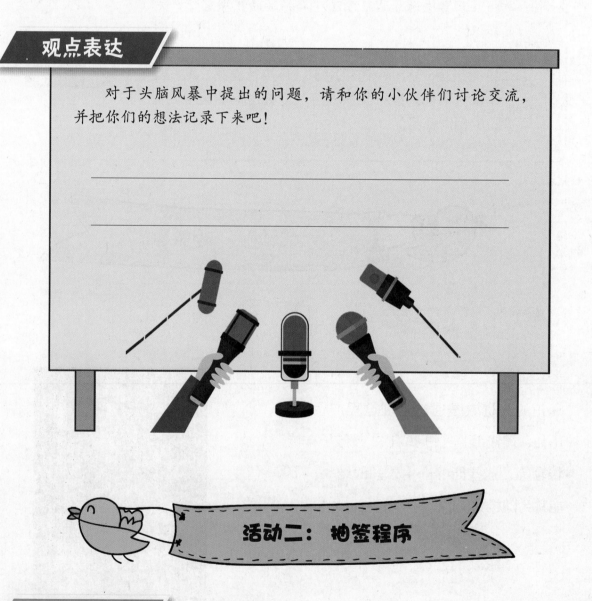

对于头脑风暴中提出的问题，请和你的小伙伴们讨论交流，并把你们的想法记录下来吧！

活动二：抽签程序

情景描述

了解了随机数，我们可以通过 Python 开发一个抽签小程序，这个程序在许多场合都可以使用，例如抽签、抽奖、选择、判断等。

概念解析

"random 库"是一个随机数函数库，我们使用 random.randint（x，y）方法，来返回随机生成的一个在 [x，y] 范围内的整数。

操作步骤

（1）输入抽签代码（见图 13-2）。

```
import random
while True:
    input("请按回车键，抽取一个数")
    print(random.randint(1,40))
```

图13-2 抽签代码

（2）运行程序，结果如图 13-3 所示。

请按回车键，抽取一个数
20
请按回车键，抽取一个数
33
请按回车键，抽取一个数
19
请按回车键，抽取一个数
8

图13-3 运行结果

按回车键，获得运行结果——随机数。

头脑风暴

如果要保证班级里 50 个人都能参与抽签，我们该如何修改代码呢？

观点表达

对于头脑风暴中提出的问题，请和你的小伙伴们讨论交流，并把你们的想法记录下来吧！

_____

_____

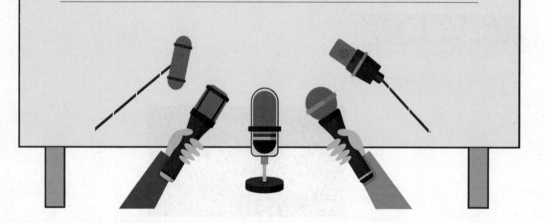

本课评价

班级：_____ 姓名：_____

完成学习评价表（请用"√"的方式填写）	
是否完成了"抽签"程序?	完成（　　）　　需要帮助（　　　）
是否清楚Python中"随机数"的作用?	清楚（　）一知半解（　）不清楚（　）
是否清楚Python中各种"random库"的作用?	清楚（　）一知半解（　）不清楚（　）

字迹端正　书写正确

第14课 巧猜数字

本课问题

猜数字（Bulls and Cows）是一种古老的密码破译类益智小游戏，起源于20世纪中期，一般由两人或多人一起玩。在本书第4课中，我们已经利用App Inventor制作了"猜价格"的小游戏，你知道Python里的条件判断吗？

关键词汇 break: break语句用在while和for循环中。break将停止循环，并开始执行接下来的代码。

活动一：巧猜数字

情景描述

请回顾一下猜数字的游戏，同学甲在心中想一个 1~100 的数字，同学乙先猜"50"，同学甲说"大了"；接着同学乙就在 1~49 中猜，说"25"，同学甲说"小了"；然后同学乙在 26~49 中猜，以此类推。这种又快又准确的猜数字方法我们称为"二分法"。

概念解析

二分法的思想：首先确定有根区间，将区间二等分，逐步将有根区间缩小，直至有根区间在所求范围内，便可求出满足精度要求的近似根。

如果用二分法去猜一个 1~100 之间的数，我们最多需要几次能猜对？请把过程记录下来。

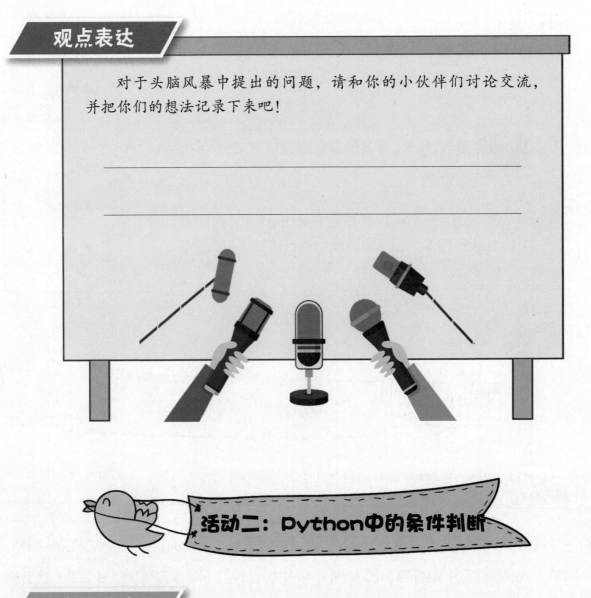

观点表达

对于头脑风暴中提出的问题，请和你的小伙伴们讨论交流，并把你们的想法记录下来吧！

活动二：Python中的条件判断

情景描述

想在 Python 中编写"猜数字"游戏，我们需要用到条件语句。条件语句用来判断给定的条件是否满足，并根据判断的结果决定执行的语句。选择结构就是用条件语句来实现的，根据判断结果执行不同的操作，从而改变代码的执行顺序，实现更多的功能。

概念解析

Python 条件语句是通过一条或多条语句的执行结果（True 或者 False）来决定执行的代码块（见图 14–1）。

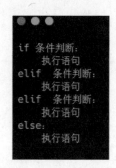

```
if 条件判断：
    执行语句
elif  条件判断：
    执行语句
elif  条件判断：
    执行语句
else：
    执行语句
```

图14–1 条件判断语句

操作步骤

（1）输入判断成绩等第的代码（见图 14–2）。

```
score = int(input("请输入分数："))
if score >= 90:
    print('优秀')
elif score >= 75:
    print('良好')
elif score >= 60:
    print('及格')
else:
    print('不及格')
```

图14–2 判断成绩的代码

（2）运行程序，结果如图 14–3 所示。

```
请输入分数：99
优秀
请输入分数：85
良好
请输入分数：70
及格
请输入分数：55
不及格
```

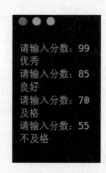

图14–3 运行结果

头脑风暴

请参照判断成绩等第的代码尝试编写一个判断季节的代码。例如：输入月份"3"，输出的结果为"春天"，请把代码写在观点表达中。

观点表达

对于头脑风暴中提出的任务，请和你的小伙伴们讨论交流，并把你们的想法记录下来吧！

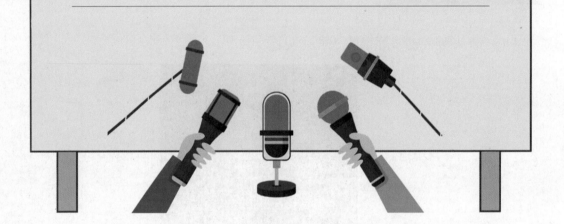

活动三：Python版猜数字游戏

情景描述

猜数字的游戏从面上可以看出，需要生成一个随机数，而不是定义一个变量，否则每次游戏都是同一个数字。结合猜数字的游戏规则，使用条件判断语句就可以编写 Python 版的猜数字游戏了。

清楚随机函数库（random 库）的用法，使用随机函数库生成一个 1 ~ 100 之间的数字，然后输入一个数，通过条件语句判断两个数的关系，得出结论。

操作步骤

（1）输入猜数字程序代码（见图 14-4）。

```
import random
rand = random.randint(1,100)
while True:
    resule = int(input("请输入一个0-100之间的数：\n"))
    if result > rand:
        print("大了")
    if result < rand:
        print("小了")
    if result = rand:
        print("猜对了")
        break
```

图14-4 猜数字游戏代码

（2）运行程序，结果如图 14-5 所示。

```
请输入一个0-100之间的数：
50
小了
请输入一个0-100之间的数：
75
大了
请输入一个0-100之间的数：
63
小了
请输入一个0-100之间的数：
69
大了
请输入一个0-100之间的数：
66
小了
请输入一个0-100之间的数：
67
猜对了
```

图14-5 运行结果

本课评价

班级：_____ 姓名：_____

完成学习评价表（请用"√"的方式填写）		
是否清楚Python中"条件语句"的作用？	清楚（ ） 一知半解（ ） 不清楚（ ）	
是否完成了Python"猜数字"程序？	完成（ ） 需要帮助（ ）	

字迹端正　书写正确

第15课　树莓派的组装与使用

本课问题

　　通常台式电脑都有一个大大的主机箱，非常不方便携带，而便携的笔记本电脑价格却又很昂贵。那么，有没有一款体积小巧便携，价格也很便宜的电脑呢?

关键词汇　**树莓派**：一种为进行计算机编程教育而设计的、只有银行卡大小的微型电脑。

活动一： 了解微型电脑树莓派

情景描述

　　家里没人的时候机器人可以自动浇花、忘带钥匙的时候拿出手机就可以开门、衣柜里的衣服乱了智能衣柜可以自动整理、小型气象站不间断地自动采集天气信息……以上这些操作只需要一台可以放到口袋里的微型电脑就能实现，它就是本节课的主角——树莓派。

概念解析

　　树莓派（Raspberry Pi）是一款尺寸只有信用卡大小的微型电脑（见图15-1），和我们家用电脑一样，你可以将树莓派连接到电视、显示器、键盘鼠标等设备上使用。

图 15-1 小巧又强大的电脑
——树莓派

可不要因为它的身材小而小瞧人家哦，因为它"麻雀虽小，五脏俱全"。小小的树莓派能实现日常桌面计算机的多种用途，包括处理文字、电子表格，播放视频甚至玩游戏等。

头脑风暴

如果你的树莓派成为家庭指挥官，可以指挥家里所有的家具、电器等物品，你想让"树莓派将军"给哪位"士兵"下达什么样的指令呢？请把想法记录在观点表达中。

观点表达

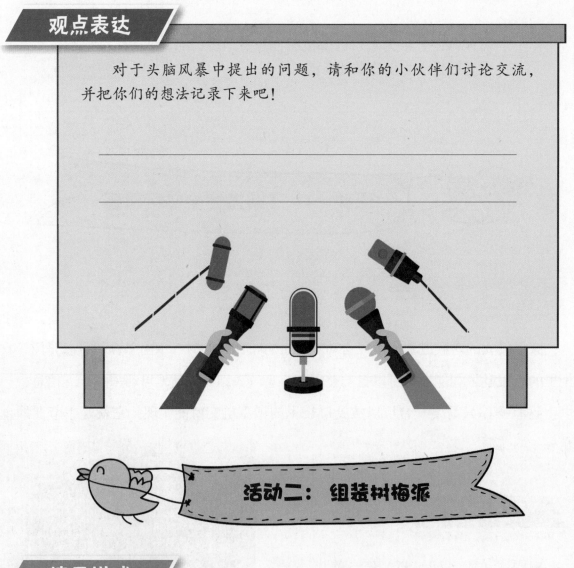

对于头脑风暴中提出的问题，请和你的小伙伴们讨论交流，并把你们的想法记录下来吧！

活动二：组装树莓派

情景描述

计算机刚出现的时候，体积很庞大，离普通人的生活也很遥远，多用于军事科研领域。现在，个人计算机几乎已经普及到了家家户户。随着技术的不断发展，我们的电脑体积越来越小，性能也越来越强。

Apple 公司的第一款产品 Apple 1 就是一台单板机电脑，用户需要自己配置电源、显示器、键盘才能使用。我们的树莓派也需要自己动手配置，虽然不像笔记本电脑那样开机就能使用，但是具备了极高的拓展性，我们可以尽情发挥自己的想象，让树莓派具备我们想要的功能。

概念解析

首先，让我们先来认识一下本节课可能需要用到的接口。

图 15-2 中标注的接口如下：

（1）USB 接口：可以连接键盘、鼠标、U 盘等；

（2）网线接口：用来连接网线；

（3）HDMI 接口：用来连接显示设备；

电源接口：连接电源线，这是树莓派的能量来源。

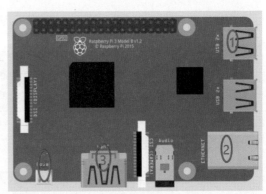

图 15-2 树莓派接口

接着让我们一起来点亮树莓派吧！

操作步骤

请在老师的指导下依次连接好显示屏、键盘、鼠标、电源，这样树莓派就完成组装啦！图 15-3 为树霉派桌面。

图15-3 树莓派桌面

头脑风暴

你平时都用会计算机做些什么事呢？请尝试着在树莓派上进行相同的操作吧，熟悉一下树莓派的操作系统。

本课评价

班级：_____   姓名：_____

完成学习评价表（请用"√"的方式填写）		
是否完成了树莓派的组装？	完成（　　）	需要帮助（　　）
是否成功点亮了树莓派？	完成（　　）	需要帮助（　　）

字迹端正　书写正确

第16课 串口的使用

本课问题

交流是信息互换的过程。平时我们会和小伙伴们通过聊天或是写字的方式进行交流。那么，储存着大量信息的电脑会不会也和它的小伙伴们"交流"呢？它们是如何"交流"的呢？

关键词汇 串口通信：两个有串口通信协议的设备以串行的方式互相传输数据。

活动一：电脑是如何"交流"的？

情景描述

烽火台、信鸽传书（见图 16-1）、驿站，我们常常在电视剧中看到这些古老的信息传递方式。随着计算机技术与通信技术的发展，我们现在只需要一台电脑或是一部手机，就可以和朋友随时随地交流了。

图 16-1 信鸽传书

概念解析

串行通信是计算机通信的主要方式之一，起到主机与外设以及主机之间的数据传输作用。串行通信具有传输线少、成本低等特点，因此串行通信接口是计算机系统当中的常用接口。

知识拓展

我们在进行交流时，语言文字越多，交换的信息也就越多，计算机之间的交流也是如此。比特是计算机中信息的最小单位，一次传输一个比特，也就是一次只能传输一个"1"或者"0"（见图16-2）。我们常常用来表示U盘或硬盘容量的"GB"和"TB"中的"B"则指的是字节（Byte）。1个字节等于8个比特，即1Byte=8bit。

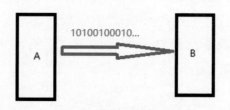

图16-2 数据传输

活动二：你好！Arduino

情景描述

如果想让计算机之间也像人类一样进行对话，我们就要先来认识一种开源硬件——Arduino。通过编写简单的代码，就可以让Arduino和树莓派相互问好啦！我们先来教会Arduino进行日常问候吧！图16-3为各种语言的"你好"。

图16-3 各种语言的"你好"

概念解析

Arduino：一款便捷灵活、方便上手的开源电子平台。它以其自身的多功能性及简单界面迅速成为世界各地程序员、设计师、艺术家等众多用户设计产品原型的首选工具。Arduino 开发板（见图 16-4）通过 USB 连接到计算机，并连接到 Arduino 开发环境（IDE）。用户在 IDE 中写入 Arduino 代码，然后将其上传到 Arduino 执行代码。

图 16-4 Arduino开发板

串口：串行接口（serial port）的简称，也称为串行通信接口或 COM 接口。串口通信指的就是两个有串口通信协议的设备以串行的方式互相传输数据。

操作步骤

1.准备工作

（1）先将 Arduino 通过 USB 连接到电脑上，打开 Mixly，编写代码（见图 16-5）。

图 16-5 Arduino代码

（2）上传代码到 Arduino，注意不要选错 Arduino 型号和端口号（见图 16-6）。

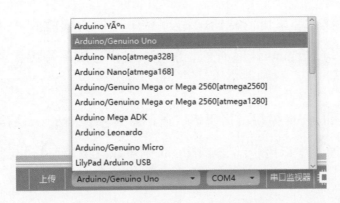

图 16-6 选择Arduino Uno型号

2.开始通信

打开串口监视器（见图16-7），输入字符"s"。可以看到Arduino对我们做出了回应。

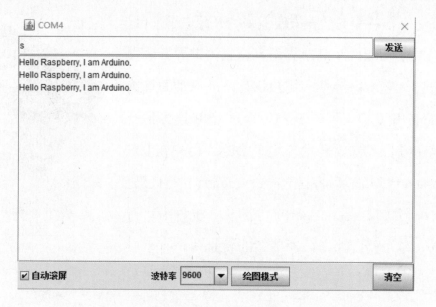

图 16-7 串 口 监 视 器

情景描述

Arduino已经通过串口监视器和计算机连接上了，赶紧让树莓派也加入进来吧！

概念解析

在活动二中，我们在串口监视器中输入字符"s"并接收到Arduino的反馈，但那实质上是我们在与Arduino传递消息。现在，我们要编写程序，让Arduino与树莓派之间相互传递信息。

Serial：Python的serial模块可用于串口通信。其中，write方法接收一个字符或字符串参数，并将其通过串口传送出去；readall则可以读取串口接收到的信息。

1. 编写程序

（1）打开 Python3（IDLE）程序，选择 "File" → "New File"，点亮我们的树莓派（见图 16-8、图 16-9）。

图 16-8 打开 IDLE

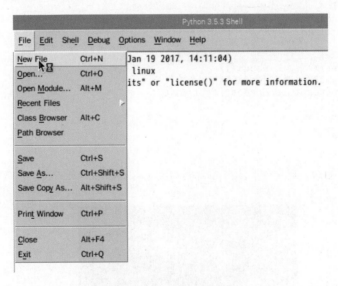

图 16-9 新建文件

（2）编写串口通信代码（见图 16-10）。

```
import serial
ser = serial.Serial("/dev/ttyUSB0",9600,timeout=1)

try:
    while True:
        ser.write('s'.encode())
        response = ser.readall()
        print(response.decode().strip())
except:
    ser.close
```

图 16-10 Python 代码

2.运行程序

（1）先将 Arduino 开发板的 USB 接口与树莓派连接起来。

（2）单击 "Run" → "Run Module"（见图 16-11），保存好程序之后就会自动运行（见图 16-12）。

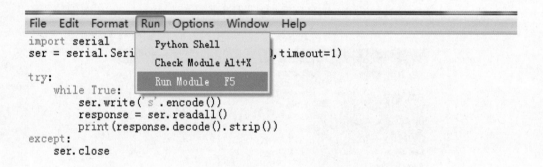

图 16-11 运行程序

图 16-12 运行效果

你瞧，Arduino 正在热情地向树莓派打招呼呢！

头脑风暴

尝试修改代码，让 Arduino 和树莓派聊些别的话题吧！请把结果写在观点表达中。

对于头脑风暴中提出的任务，请和你的小伙伴们讨论交流，并把你们的想法记录下来吧！

_____

_____

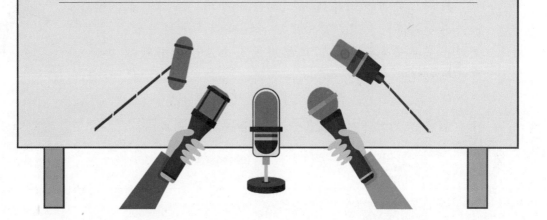

本课评价

班级：_____ 姓名：_____

完成学习评价表（请用"√"的方式填写）			
是否清楚"串口"的作用？	清楚（　　）一知半解（　　）不清楚（　　）		
是否成功地让Arduino与电脑通过串口互动？	完成（　　）　　　　　需要帮助（　　　）		
是否成功地让Arduino与树莓派通过串口互动？	完成（　　）　　　　　需要帮助（　　　）		

字迹端正　书写正确

第17课　传感器介绍

本课问题

我们人类可以通过眼睛、鼻子、耳朵、舌头、皮肤去感受外界的信息，再由大脑将这些信息进行处理，呈现出多姿多彩的世界，机器有没有办法感受并获取这些信息呢？

关键词汇　传感器：一种可以变换和传递信息的检测装置。

活动一：各种传感器

情景描述

当今世界已经进入了信息时代，在利用信息的过程中，首先要解决的问题就是如何获取可靠有效的信息，传感器应运而生并获得了飞速发展。

传感器被广泛应用于社会发展的各个领域，如工业自动化、农业现代化、航天技术、军事工程、机器人技术、资源开发、海洋探测、环境监测、安全保卫、医疗诊断、交通运输、家用电器等。例如，在一辆汽车上，就有数百个传感器，用以监测车内湿度、尾气浓度、车体水平度、加速度等信息。

概念解析

传感器（transducer 或 sensor）能够感受到被检测的信息，并将这些信息按一定规律变换成电信号或其他所需形式的信息输出，以满足信息的传输、处理、存储、显示、记录和控制等要求。传感器就像计算机的五官，通过传感器，计算机可以感受到声音、红外、磁场、压力、湿度、温度等（见图17-1）。

图 17-1 各类传感器

头脑风暴

（1）找出三种生活中带有传感器的物品，并指出其使用了哪些传感器。

（2）如果让你为自己设计一个助理机器人，你会优先考虑使用哪些传感器？请把结论写在观点表达中。

观点表达

对于头脑风暴中提出的任务，请和你的小伙伴们讨论交流，并把你们的想法记录下来吧！

活动二：监测传感器

情景描述

传感器是如何产生电信号，控制电路的变化的呢？我们可以以最常见的按键传感器为代表，并用串口监视器来监控传感器的变化，探索其中的秘密。

概念解析

Arduino 与按键传感器进行通信时，我们只要按下按键传感器，Arduino 就会在相应的管脚输入信号，这时候在串口监视器就可以看到信号的变化。

Arduino 扩展板：Arduino 上有很多管脚可以用来连接，但是连接起来有些麻烦。使用扩展板（见图 17-2）可以方便接线。扩展板上有多处竖排标了"GVS"，其中"G"为地，"V"为电源，"S"为信号端，横排则标识了管脚号。我们将按键传感器的"GND"接上其中一个"G"，VCC 接上电源端，SIG 接上一个信号端，这样当程序写好后，就可以通过串口来监测是否按下了按键传感器。

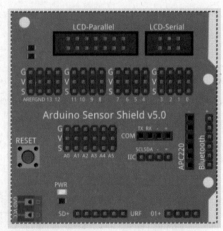

图 17-2 Arduino扩展板

操作步骤

1. 硬件连接

（1）将扩展板与 Arduino 连接起来，连接时将 Arduino 与扩展板上的三个小孔对齐。

（2）如图 17-3 所示，连接按键传感器与 Arduino 扩展板。

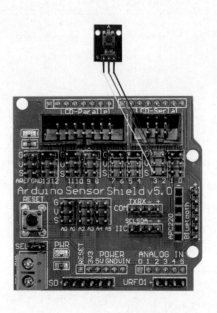

图 17-3 Arduino连接图

2. 软件编写

（1）打开 mixly 程序，编写代码（见图 17-4）。

图 17-4 Arduino编码

（2）通过 USB 将 Arduino 连接到电脑，上传程序，注意不要弄错 Arduino 型号（见图 17-5）。

图 17-5 选择Arduino Uno型号

（3）通过串口监视器来监测手碰到和没碰到按键传感器的情况下串口输出的值（见 图 17-6）。

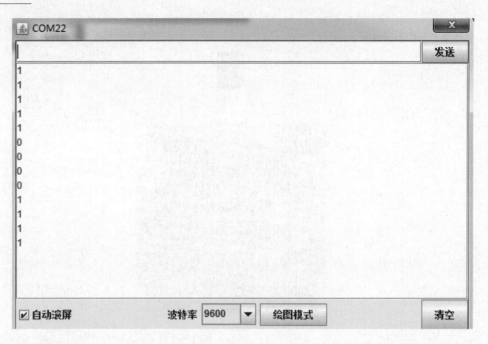

图 17-6 串口监视器

头脑风暴

如果我们要将按键传感器更换成其他传感器，应该如何接线呢？原有的程序需要进行修改吗？

观点表达

对于头脑风暴中提出的问题，请和你的小伙伴们讨论交流，并把你们的想法记录下来吧！

活动三：按键点灯

情景描述

在空调、电视、洗衣机等家用电器上都能找到许多按键，不同的按键有不同的功能，现在我们就来尝试在树莓派上通过一个按键传感器来点亮小灯吧！

概念解析

按键传感器在生活中最为常见，只需按下就能产生一个电信号输出，操作简单直观。通过按键与其他一些器件配合工作，可以实现很多有意思的功能。例如按键传感器和小灯配合，我们就可以通过按键让小灯亮起，类似的案例还有很多。

操作步骤

1.硬件连接

树莓派上有很多管脚（见图17-7）。将按键传感器和RGB小灯连接到树莓派上（见图17-8），将树莓派接上显示器，通电开机。

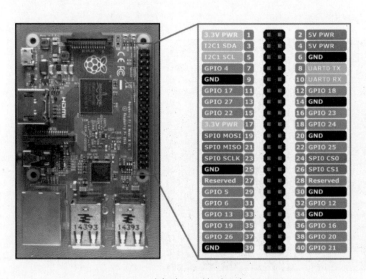

图17-7 树莓派管脚对照图

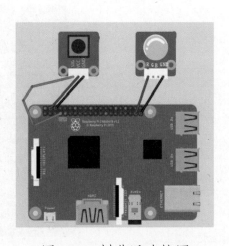

图17-8 树莓派连接图

109

2. 编写程序

（1）如图 17-9 所示，打开 Python3（IDLE）程序，准备编写代码。

（2）依次选择"File"→"New File"，打开新文件（见图 17-10）。

（3）编写代码（见图 17-11）。

（4）运行程序（见图 17-12），按下按键传感器，小灯亮了，松开按键，灯就会熄灭。

图 17-9 打开 Python3（IDLE）

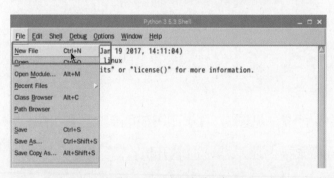

图17-10 新建文件

```
import RPi.GPIO as GPIO

BtnPin = 7
Rpin = 37

GPIO.setmode(GPIO.BOARD)
GPIO.setup(Rpin, GPIO.OUT)
GPIO.setup(BtnPin, GPIO.IN, pull_up_down=GPIO.PUD_UP)

try:
    while True:
        if GPIO.input(BtnPin) == 0:
            GPIO.output(Rpin, 1)
        else:
            GPIO.output(Rpin, 0)
except KeyboardInterrupt:
    GPIO.output(Rpin, GPIO.LOW)
    GPIO.cleanup
```

图 17-11 编写Python代码

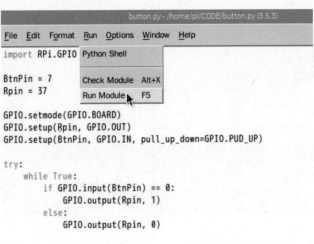

```
                    button.py - /home/pi/CODE/button.py (3.5.3)
File  Edit  Format  Run  Options  Window  Help
import RPi.GPIO  Python Shell

BtnPin = 7       Check Module   Alt+X
Rpin = 37        Run Module     F5

GPIO.setmode(GPIO.BOARD)
GPIO.setup(Rpin, GPIO.OUT)
GPIO.setup(BtnPin, GPIO.IN, pull_up_down=GPIO.PUD_UP)

try:
    while True:
        if GPIO.input(BtnPin) == 0:
            GPIO.output(Rpin, 1)
        else:
            GPIO.output(Rpin, 0)
```

图 17-12 运行程序

头脑风暴

（1）如果要改变小灯的颜色，需要如何操作？请把过程记录在观点表达中。

（2）你还能举例哪些传感器与配件之间的组合，可以解决我们生活中的哪项功能呢？

观点表达

对于头脑风暴中提出的问题，请和你的小伙伴们讨论交流，并把你们的想法记录下来吧！

班级：_____ 姓名：_____

完成学习评价表（请用"√"的方式填写）	
是否清楚"传感器"的作用？	清楚（　）一知半解（　）不清楚（　）
是否完成了对传感器进行监测？	完成（　）　　　需要帮助（　）
是否成功地实现了按键点灯？	完成（　）　　　需要帮助（　）

字迹端正　书写正确

第18课　大脑和手脚

本课问题

　　我们有时在动画片中会看到许多机器人"合体"组成一个更加强大的机器人的情节。假如让树莓派和 Arduino "合体"，树莓派担任大脑，Arduino 成为身体，让 Arduino 根据树莓派的指令行动，也能变得更强大吗？

关键词汇 判断程序：满足条件即执行，不满足条件就不执行。如：if 条件 else；while（条件） for（；条件；）

活动一：点亮小灯

情景描述

　　到了夜晚，大街小巷都亮起了五颜六色的灯，非常美丽。有些灯会不停地闪烁，忽明忽暗，像星星一样美丽（见图18-1）。是有人在不断地按它们的开关吗？当然不是！下面我们就来制作一个不用按开关就能控制的小灯吧。

图 18-1 多彩的灯光

概念解析

我们的程序使用"如果执行"模块做判断。当串口有信息可读并且为"a"时，就向11号管脚发送"高"信号，电路接通，小灯亮起；否则，就发送"低"信号，电路断开，小灯熄灭。

操作步骤

1.连接硬件

（1）将扩展板与 Arduino 连接起来，连接时将 Arduino 与扩展板上的三个小孔对齐。

（2）连接 RGB 灯与 Arduino 扩展板（见图 18-2）。

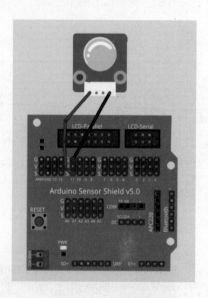

图 18-2 接线图

2.编写代码

（1）打开 mixly，编写代码（见图 18-3）。

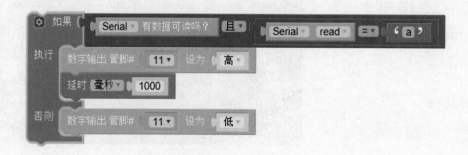

图 18-3 串口控制代码

（2）上传程序，打开串口监视器，输入"a"并发送，查看小灯的变化情况（见图 18-4）。

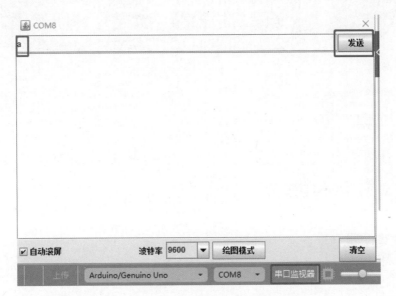

图 18-4　串口监视器

你的小灯成功地闪烁了吗？

头脑风暴

如要实现串口读取到"a"时小灯长亮，读取到"b"时才熄灭，需要如何修改程序呢？请把修改方法写在观点表达中。

观点表达

对于头脑风暴中提出的问题，请和你的小伙伴们讨论交流，并把你们的想法记录下来吧！

活动二：我是"大脑"，听我的

情景描述

现在我们让树莓派充当"大脑"来指挥 Arduino，Arduino 听从树莓派从串口发出的指令来选择是否点亮小灯吧。

概念解析

time.sleep（t）：现在的电脑性能都十分强大，执行程序速度非常快，但有时我们希望在满足某个条件时可以延时一段时间再去执行后续的程序，这时就可以用到 time.sleep（t），让程序"睡"一会儿，其中"t"为需要延时的秒数。我们在 Python 程序中向串口发送"a"后延时了 2 秒，如果没有延时那就相当于每时每刻都在发送消息，那么小灯就不会熄灭了。

操作步骤

1. 连接硬件

先将 Arduino 连接到树莓派的 USB 口上，活动二中的程序和接线不做更改。

2. 编写程序

（1）在树莓派上打开 Python3（IDLE），新建一个 Python 文件（见图 18-5）。

（2）编写代码（见图 18-6）。

（3）运行程序，观察 RGB 小灯的情况（见图 18-7）。

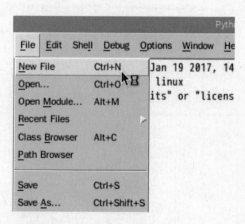

图 18-5 新建 Python 文件

```
import serial
import time
ser = serial.Serial("/dev/ttyUSB0",9600,timeout=1)

try:
    while True:
        ser.write('a'.encode())
        time.sleep(2)
except:
    ser.close
```

图 18-6 Python程序

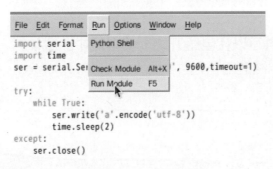

图 18-7 运行程序

如何让 RGB 灯的三种颜色交替闪烁？请试着修改程序并重新接线。

本课评价

班级：_____ 姓名：_____

完成学习评价表（请用"√"的方式填写）		
是否完成了"点亮小灯"？	完成（　　）	需要帮助（　　）
是否完成了树莓派和Arduino的"合体"？	完成（　　）	需要帮助（　　）
是否清楚判断程序"如果执行"的作用？	清楚（　）	一知半解（　）不清楚（　）

字迹端正　书写正确

117

第19课　轻触和触摸开关

本课问题

开关是一种非常常见的电子元器件，几乎所有的电器都有开关，你能说说生活中哪些地方用到了开关吗？你知道有哪些特殊的开关吗？

关键词汇　开关： 一种可以使电路开路、使电流中断或使其流到其他电路的电子元件。

活动一：无处不在的开关

情景描述

从硕大的闸刀开关到通过一根绳子控制的拉绳开关，再到像跷跷板一样总有一端翘起的跷板开关，以及触摸开关、声控开关等智能开关，开关在不断进化，变得更加美观和便捷。

概念解析

开关在生活中无处不在，这种小小的电子器件可以帮助我们轻易地控制电路的断开和闭合，使电路中电流中断或是流到其他电路中。

轻触开关内部有一个弹性结构，轻轻按下就可以使电路接通，手松开电路也随之断开。

触摸开关则使用了触摸传感器，不再像传统开关一样需要机械按键，操作更方便，更智能化。

（1）一个开关能控制多个元件吗？

（2）一个元件可以由多个开关控制吗？

请举例说明，写在观点表达中。

观点表达

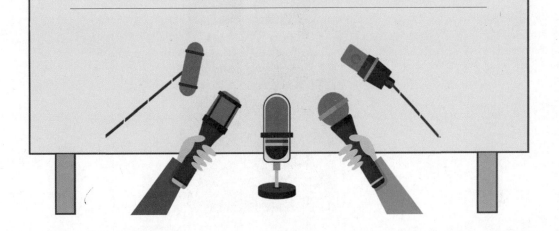

对于头脑风暴中提出的问题，请和你的小伙伴们讨论交流，并把你们的想法记录下来吧！

_____

_____

活动二：触控小灯

情景描述

这次我们尝试使用触摸开关控制 RGB 灯，当触摸开关被触摸时就会向 Arduino 发送信号，这样 Arduino 就知道在什么时候应该点亮 RGB 小灯了。

概念解析

本节课使用"如果执行"模块，如果触摸开关被触摸，就执行程序中让 LED 小灯点亮的部分。对于 Arduino 而言，触摸开关是否被触摸是一个输入信号，通过管脚输入 Arduino 中处理，而控制 LED 灯是否亮的则是输出信号，管脚上有输出，LED灯就会被点亮，所以要用到 mixly 中的"数字管脚输入"和"数字管脚输出"模块。

操作步骤

1. 连接硬件

连接好触摸传感器和 RGB 灯（见图 19-1）。

图19-1 硬件接线图

2. 编写代码

（1）打开 mixly，编写代码（见图 19-2）。

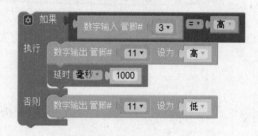

图 19-2 Arduino代码

（2）上传程序到 Arduino（注意 Arduino 板型号）（见图19-3）。

图19-3 上传程序

（3）触摸一下触摸开关，观察 RGB 灯的变化。

头脑风暴

你能将程序修改为 LED 灯常亮，触摸开关被触摸后灯关闭吗？请把操作方法写在观点表达中。

观点表达

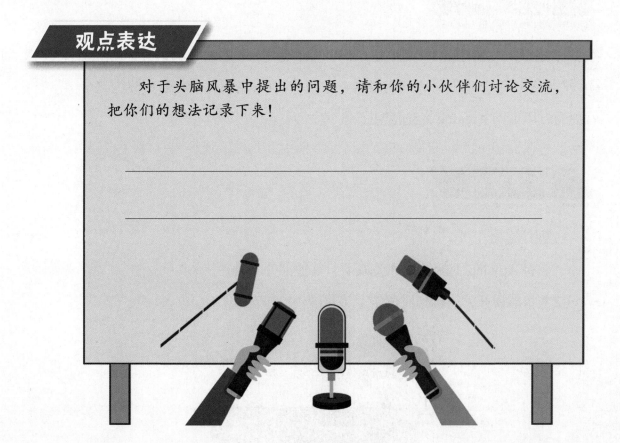

对于头脑风暴中提出的问题，请和你的小伙伴们讨论交流，把你们的想法记录下来！

活动三：灯光管家

情景描述

这一次树莓派与 Arduino 将成为灯光管家，树莓派做为"大脑"指挥 Arduino，当它感受到触摸开关被触摸后，就告诉 Arduino 快把灯打开。有时我们准备睡觉了，却发现客厅的灯还没关，我们可以编写程序让树莓派远程指挥 Arduino 把灯关闭。

概念解析

在 Python 代码中，我们使用了 GPIO.input（）来读取管脚，如果触摸开关被触摸，就会从它的"SIG"管脚向树莓派发送信号"1"，当树莓派判断接收到这个信号时，就会通过串口向 Arduino 发送信息了。

操作步骤

1. 硬件连接

（1）将 Arduino 上的触摸开关取下，其他部分不动。

（2）将触摸开关连接到树莓派上（见图 19-4）。

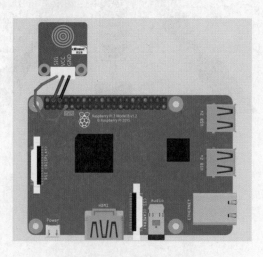

图 19-4 硬件接线图

2.编写代码

（1）打开 mixly，编写代码并上传到 Arduino 中（见图 19-5）。

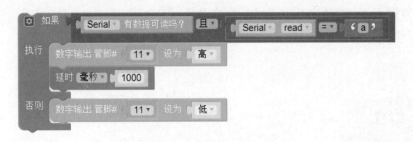

图19-5 根据串口指令点灯程序

（2）在树莓派上打开 Python3（IDLE），新建文件，编写代码（见图 19-6）。

```python
import RPi.GPIO as GPIO
import serial
import time

TouchPin = 7
ser = serial.Serial('/dev/ttyUSB0', 9600, timeout=1)
GPIO.setmode(GPIO.BOARD)
GPIO.setup(TouchPin, GPIO.IN, pull_up_down=GPIO.PUD_UP)

try:
    while True:
        if GPIO.input(TouchPin) == 1:
            ser.write('a'.encode('utf-8'))
            time.sleep(2)
except:
    ser.close()
```

图 19-6 Python代码

3.运行程序

（1）将 Arduino 通过 USB 连接到树莓派上。

（2）运行程序，轻触触摸开关，观察 RGB 灯的变化（见图 19-7）。

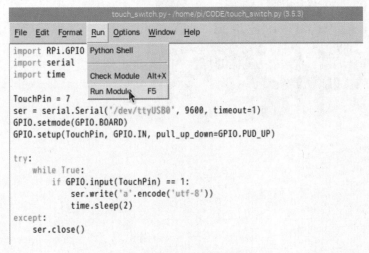

图 19-7 运行程序

头脑风暴

你能令触摸开关被触摸后，RGB 灯在红色灯与绿色灯之间切换吗？请试着重新接线并修改程序。

本课评价

班级：_____　姓名：_____

完成学习评价表（请用"√"的方式填写）	
是否完成了"触控小灯"？	完成（　　）　　　需要帮助（　　）
是否完成了"灯光管家"？	完成（　　）　　　需要帮助（　　）
是否清楚"触摸开关"的作用？	清楚（　　）一知半解（　　）不清楚（　　）

字迹端正　书写正确

第20课　声音的使用

本课问题

声音是振动产生的声波，通过介质（气体、固体、液体）传播并能被人或动物的听觉器官所感知的波动现象。Arduino 与树莓派能不能像人或动物的耳朵一样听到声音呢？

关键词汇 **声音传感器：** 一种可以检测、测量并显示声音波形的传感器。

活动一：楼道里的声控灯

情景描述

声控灯被广泛应用在楼道、走廊、地下车库等公共场所，它既免除了人们手动开灯的麻烦，又避免了人离开时忘记关灯造成的用电浪费。

概念解析

同学们，你们见过小区大楼内的声控灯吗？当晚上你们走过声控灯时，声控灯"听到"了你的脚步声，就能自动亮起；当你走过声控灯后，声控灯就会自动熄灭。声控灯被广泛应用在楼道、走廊、地下车库等公共场所，它在满足照明需求的同时，既免除了人们手动开灯的麻烦，又避免了因忘记关灯而造成的用电浪费。图 20-1 至图 20-4 为各种声控灯的应用场景。

图20-1 床边声控灯　图20-2 厨房声控灯　图20-3 衣柜声控灯　图20-4 楼道声控灯

概念解析

晚上有人在楼道里发出声响时，声控灯就会开启，但是在白天，无论有多大的声音，声控灯都不会亮。看来一个合格的声控灯至少有两个传感器，一个检测声音信号，一个检测光线强度，保证声控灯只在夜晚有人需要的时候才会亮起，以此达到节能目的。

头脑风暴

（1）小区楼道里的声控灯光敏元件被张贴的纸遮住了，会造成什么问题呢？

（2）有些声控灯只能检测到声音的强弱，你认为这样的灯有什么缺陷呢？

请把你的观点记录在观点表达中。

观点表达

对于头脑风暴中提出的问题，请和你的小伙伴们讨论交流，并把你们的想法记录下来吧！

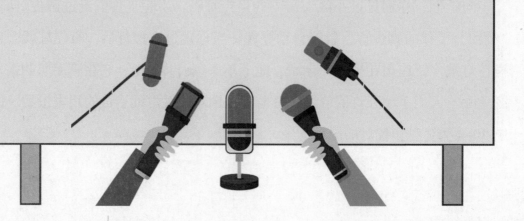

活动二：声控灯

让我们一起来使用 Arduino 搭建一个声控灯。需要用到声音传感器和光敏传感器（见图 20-5）各一个，另外还需要一个 RGB 小灯，请把这些传感器和元件找出来。

图 20-5 声音传感器和光敏传感器

概念解析

模拟信号与数字信号：模拟信号是一类连续的物理量表示，例如，一段时间内的温度变化，一段音频的声音强度，电气线路内的电压变化等等；而数字信号则是离散的、不连续的，只能用某几个确定值来表示。二进制码就是一种数字信号。对于计算机内部而言，无论是神威太湖之光这样的超级计算机，还是我们手上小小的树莓派，都只能处理数字信号。

数模转换：要想让电脑处理模拟信号，就必须使用一种设备，将外部的模拟信号转换成数字信号输入计算机，再将计算机输出的数字信号转换成模拟信号。我们在家享受高速网络的时候，一般被称为"猫"的调制解调器就起着将信号在数字与模拟之间转换的功能。在我们使用的 Arduino UNO 上，有 A0~A5 六个管脚可以接收模拟信号并进行转换。

我们使用的光敏传感器和声音传感器都有模拟（AO）和数字（DO）两个输出管脚，在这里我们使用声音传感器的 AO 和光敏传感器的 DO 输出管脚，在没有光线且声音达到一定值时，点亮 RGB 灯。

操作步骤

1.连接硬件

连接元器件与扩展板，注意声音传感器接 AO 管脚，光敏传感器接 DO 管脚（见图 20-6）。

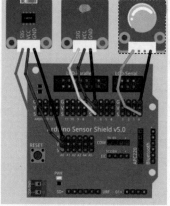

图 20-6 接线图

在上传程序前，先将 Arduino 连接到电脑上。

2.编写代码

（1）打开 mixly，输入代码（见图 20-7）。

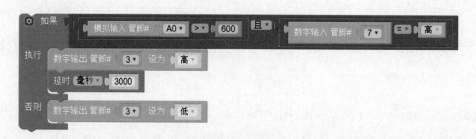

图 20-7 声控灯程序

（2）上传代码到 Arduino，用手遮住光敏传感器，对着声音传感器发出声音，观察 RGB 小灯有没有亮起。

注意：声音传感器的灵敏度是可以调整的，如果没有观察到现象或没有发出声音就亮灯，有可能是声音传感器灵敏度过低或过高。旋转图 20-8 中黄色部分金属旋钮可调整灵敏度，也可以通过修改代码中判断声音模拟量值的大小来调整。

图 20-8 声音传感器

（1）如何实现让串口打印出声音传感器检测到的值？

（2）你能尝试去掉光敏传感器并修改程序，使串口接收到"a"时 Arduino 就认为是夜晚，没有接收到"a"就认为是白天吗？

对于头脑风暴中提出的问题，请和你的小伙伴们讨论交流，并把你们的想法记录下来吧！

活动三：光敏声控灯

情景描述

在活动二的头脑风暴中，我们尝试了用串口发送消息来代替光敏传感器检测的信息，现在我们一起尝试用树莓派来发送光线信息吧！

概念解析

我们把光敏传感器移到树莓派上，仍然使用它的数字输出（DO）管脚。活动二中我们讲过了数字信号与模拟信号的区别，与 Arduino 不同的是，树莓派上的管脚只能接收数字信号，如果要使用模拟信号还需要额外的转换模块。我们通过判断光敏传感器数字输出所接的树莓派管脚上接收到的是"1"（无光）还是"0"（有光）来确定光线强度。

操作步骤

1.连接硬件

将 Arduino 上的光敏传感器取下，连接到树莓派上（见图 20-9）。

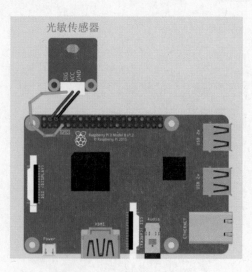

图 20-9 硬件接线图

2.编写代码

（1）打开 mixly，编写代码并上传到 Arduino（见图 20-10）。

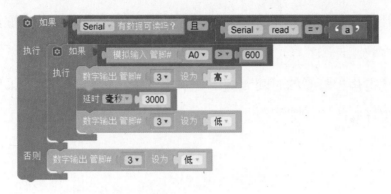

图20-10 声控灯程序

（2）打开树莓派的 Python3（IDLE），新建文件，编写代码（见图 20-11）。

图 20-11 Python程序

3.运行程序

（1）将 Arduino 通过 USB 连接到树莓派上。

（2）遮住光敏传感器并在声音传感器旁发出声音，观察 RGB 小灯的变化（见图 20-12）。

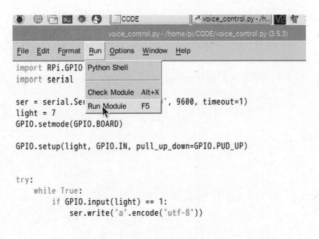

图 20-12 运行程序

头脑风暴

（1）小区楼道灯每天需要亮的时间基本上是固定的，如果没有光敏传感器，你有办法让声控灯有效工作吗？

（2）有人觉得声控灯亮的时间太短了，来不及掏出钥匙开门，如果想让它亮得更久一些，可以怎样修改程序呢？

观点表达

对于头脑风暴中提出的问题，请和你的小伙伴们讨论交流，并把你们的想法记录下来吧！

本课评价

班级：_____ 姓名：_____

完成学习评价表（请用"√"的方式填写）	
是否清楚"声音传感器"的作用？	清楚（　）一知半解（　）不清楚（　）
是否清楚"光敏传感器"的作用？	清楚（　）一知半解（　）不清楚（　）
是否完成了"声控灯"？	完成（　）　　　　需要帮助（　）
是否完成了"光敏声控灯"？	完成（　）　　　　需要帮助（　）

字迹端正　书写正确

第21课　舵机的使用

本课问题

电风扇、洗衣机等家用电器内部都装有电动机，这种装置能够通过不停的转动来维持机器运转。假如我们要控制旋转门或者方向盘的转动，可以使用这种电动机吗？

关键词汇 **舵机：**一种可以控制转动角度的特殊电机。

活动一：什么是舵机

情景描述

地铁安检口不断转动的传送带（见图21-1），夏天转个不停的风扇（见图21-2），游乐园的旋转木马（见图21-3），只要有电能，它们就能无休止地工作，为人们

图21-1 地铁传送带

图21-2 可控制电扇

图21-3 旋转木马模型

服务。你有没有观察过这些设备，它们在关闭后会立刻停止吗？今天我们就来学习一种与众不同的电机，它可以转动到特定角度哦。

概念解析

电动机是一种将电能转换成机械能的装置，只要有电能，电动机就可以提供源源不断的动力。舵机是一种特殊的电机，它不像普通电机那样只会转圈圈，它可以根据你的指令转至 0°~180° 之间的任意角度停下来。舵机也叫伺服电机，主要由外壳、电路板、无核心马达、齿轮和位置检测器构成。

头脑风暴

生活中哪些设备使用了舵机？请把它们写在观点表达中。

观点表达

对于头脑风暴中提出的问题，请和你的小伙伴们讨论交流，并把你们的想法记录下来吧！

活动二：启动舵机

情景描述

我们先来学习一下舵机在 Arduino 上的使用。假设有一扇门需要控制开和关，而门的转动角度在 90° 以内，应该怎么对舵机进行设置呢？

概念解析

在 mixly "执行器" 模块中有舵机控制相关模块，可以根据硬件和需求设置舵机管脚、转动角度和延时时间。

操作步骤

1. 硬件连接

（1）连接舵机和 Arduino。舵机的棕色或黑色线连接到 "G"，红色线连接到 "V"，黄色或橘色线连接到 "S"（见图 21-4）。

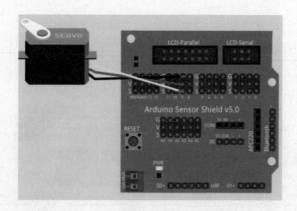

图 21-4 接线图

（2）将 Arduino 连接到电脑上，为上传程序做准备。

2. 编写代码

（1）打开 mixly，编写代码（见图 21-5）。

图 21-5 Arduino程序

（2）上传代码（注意 Arduino 板型号），观察舵机的转动情况。

头脑风暴

（1）你能试着修改程序，让舵机在 0°~180° 之间不断转动吗？

（2）现在舵机只会不停地来回转动，你可以运用学过的知识，利用串口实现在需要开门时让舵机从 0° 转到 90°，需要关门时从 90° 转到 0° 吗？

观点表达

对于头脑风暴中提出的问题，请和你的小伙伴们讨论交流，并把你们的想法记录下来吧！

活动三：智能舵机

情景描述

通过树莓派在串口发送信息来控制 Arduino 上的舵机转动。可以发现，在活动二中舵机会来回不停地转动，而这次我们要做一个能根据树莓派发出的指令转动特定角度的智能版舵机程序。

概念解析

在 Arduino 代码中，将从串口获取到的树莓派的信息转换成整数作为舵机旋转的角度。虽然在操作中树莓派上用键盘输入的是"90""100"这样的数字，但是 Python 的"input（）"函数接受的输入默认是当作字符串的，在程序中将"90""100"这样的字符串通过串口传输出去，在 Arduino 的程序中需要通过"文本"模块中的"转整数"将字符串转换成数学上的数字。

操作步骤

1.编写 Arduino 代码

（1）不用改变舵机在 Arduino 上的连接，打开 mixly 程序，编写代码并上传到 Arduino（见图 21-6）。

图 21-6 通过串口信息控制舵机的代码

138

（2）程序上传成功后打开串口监视器，输入 0~180 之间的数字，观察舵机的转动情况。成功后将 Arduino 连接到树莓派上。

2. 编写 Python 代码

打开树莓派中的 Python3（IDLE），新建文件，编写代码（见图 21-7）。

```
import serial
ser = serial.Serial('/dev/ttyUSB0', 9600,timeout=1)


try:
    while 1:
        angle = input()
        ser.write(angle.encode('utf-8'))
except:
    ser.close()
```

图21-7 Python代码

3. 运行结果

运行 Python 程序，输入 0~180 之间的数字并回车确认，观察舵机的转动情况（见图 21-8）。

```
File  Edit  Shell  Debug  Options  Window  Help
Python 3.5.3 (default, Jan 19 2017, 14:11:04)
[GCC 6.3.0 20170124] on linux
Type "copyright", "credits" or "license()" for more information.
>>>
================== RESTART: /home/pi/CODE/servo_control.py ==================
12
25
35
60
90
180
30
0
25
```

图21-8 运行结果

头脑风暴

在程序中获取了输入的数字并通过串口发送，如果输入的不是 0~180 之间的数字会怎样？你能否修改程序，在输入内容不符合要求时做出提醒呢？

观点表达

对于头脑风暴中提出的问题，请和你的小伙伴们讨论交流，并把你们的想法记录下来吧！

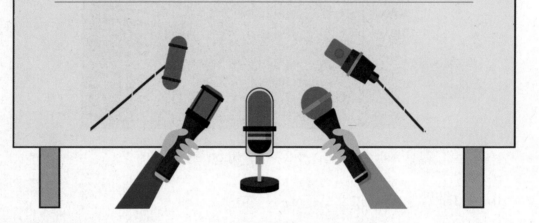

本课评价

班级：_____ 姓名：_____

完成学习评价表（请用"√"的方式填写）	
是否清楚"舵机"的作用？	清楚（ ）一知半解（ ）不清楚（ ）
是否完成了"启动舵机"？	完成（ ） 需要帮助（ ）
是否完成了"智能舵机"？	完成（ ） 需要帮助（ ）

字迹端正　书写正确

第22课　摄像头的使用

本课问题

　　摄像头是比较常见的电子产品外设，无论是视频通话还是拍照都会用到摄像头。如何在树莓派上使用摄像头呢？

关键词汇 摄像头：一种可以捕捉并传播影像的设备。

活动一：摄像头

情景描述

　　面对美好的风景，人们总是情不自禁地拿出相机或手机，通过照片将眼前的美景永久保存。小小的树莓派也具备这个功能，只要利用树莓派的摄像头模块就可以进行拍摄。

　　摄像头是电子设备的"眼睛"，外界的光通过镜头投射到光学传感器上，再经过一系列处理，将这些光变成电脑可以处理的信号，最终变成图像呈现在屏幕上。世界上第一台真正意义上的相机诞生于1839年，当时想要拍摄一张照片可是非常复杂的事情，而今天我们只需要一部手机就可以拍出极为清晰的照片。

概念解析

　　摄像头是输入设备，能够捕捉画面并把画面传输到树莓派中，"像素"是摄像头捕捉画面的计量单位。"分辨率"是摄像头捕捉画面的清晰程度。"像素"数量越多，画面就越大。通常我们说 800×400 像素指的就是这个画面横向有 800 个像素，竖向有 400 个像素，两数的乘积就是这个画面的总像素。而"分辨率"却表示着像素组成的画面的精细程度，通常分辨率越高，像素点越多，画面就越清晰。

头脑风暴

请找到树莓派的摄像头模块，看看它和手机上的摄像头有什么不同。

观点表达

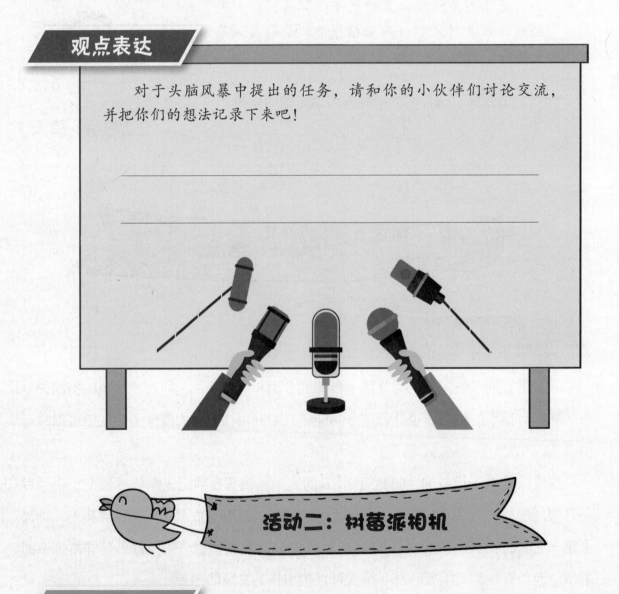

对于头脑风暴中提出的任务，请和你的小伙伴们讨论交流，并把你们的想法记录下来吧！

_____

_____

活动二：树莓派相机

情景描述

我们已经了解了摄像头的概念，接下来就使用树莓派的摄像头模块组装一台"树莓派相机"来拍张合影吧！树莓派官方发布的摄像头模块非常小巧，500 万像素，连接方便，易于使用。

像素是影像显示的基本单位，我们拍摄的图像由一个个小方格组成，每个小方格有不同的色彩，同等面积的图像中像素小方格越多，图像就越大。Raspistill 工具可以调用树莓派的摄像头来拍照，以下是它的主要参数：

–w，– width：设置图像宽度

–h，– height：设置图像高度

–q，– quality：设置图像品质

–t，– timeout：拍照延时，未指定时默认是 5s

–o，– output：后面接要保存的图片文件名

操作步骤

1. 连接硬件

取出摄像头模块，与树莓派连接（见图 22-1）。

图 22-1 连接摄像头模块

2. 拍照

（1）打开树莓派终端（见图 22-2）。

图 22-2 打开终端

（2）输入 "raspistill –o image.jpg"，按下回车键（见图22-3）。

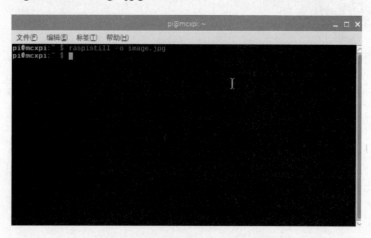

图 22-3 使用raspistill拍照

（3）打开文件管理器，查看照片（见图22-4）。

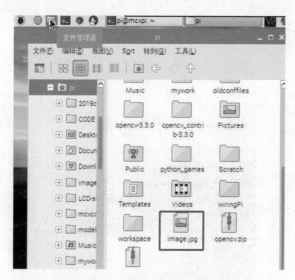

图 22-4 文件管理器

现在快拿起树莓派，和你的小伙伴拍一张合影吧！图22-5就是使用树莓派拍摄的照片哦。

图 22-5 使用树莓派拍摄的照片

头脑风暴

在概念解析中解释了 raspistill 工具的用法，你可以尝试使用不同的参数拍摄照片吗？请把操作方法记录在观点表达中。

观点表达

对于头脑风暴中提出的问题，请和你的小伙伴们讨论交流，并把你们的想法记录下来吧！

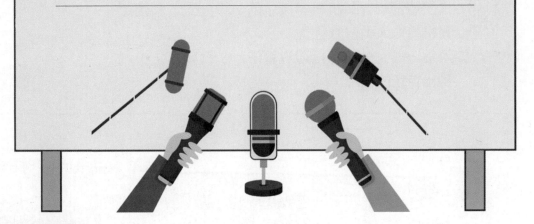

本课评价

班级：_____ 姓名：_____

完成学习评价表（请用"√"的方式填写）	
是否清楚"摄像头"的作用？	清楚（ ）一知半解（ ）不清楚（ ）
是否清楚"raspistill工具"的作用？	清楚（ ）一知半解（ ）不清楚（ ）
是否完成了"树莓派相机"？	完成（ ）　　需要帮助（ ）

字迹端正　书写正确

单元五　人工智能

第23课　语音识别

本课问题

近20年来，语音识别技术开始从实验室渐渐进入家电、通信、汽车电子、医疗、家庭服务、消费电子产品等各个领域。很多专家都认为语音识别技术是信息技术领域十大重要的科技进展之一，人工智能也离我们越来越近了，你知道语音识别是怎么工作的吗?

关键词汇　**人工智能：** 计算机科学技术的一个分支，利用计算机模拟人类智力活动。
语音识别： 一般特指通过算法，从音频信号中识别出特定的信息。

活动一：　初识人工智能

情景描述

人工智能（Artificial Intelligence，简称AI），最初是在1956年达特茅斯（Dartmouth）学会上被提出的，从那以后，研究者们发展了众多理论和原理，人工智能的概念也随之扩展。在人工智能不算长的历史中，它的发展比预想的要慢，但一直在前进，从40年前出现至今，已经出现了许多AI程序，影响着各个领域技术的发展。

概念解析

人工智能是研究、开发用于模拟、延伸和扩展人的智能的理论、方法、技术及应用系统的一门新的技术科学。

人工智能亦称智械、机器智能，指由人制造出来的机器所表现出来的智能。通常人工智能是指通过普通计算机程序来呈现人类智能的技术，它能够自主学习提高本领，并且还会深度学习。有人认为随着医学、神经科学、机器人学及统计学等的进步，人类的不少职业也将逐渐被人工智能取代。

头脑风暴

我们已大致了解了什么是人工智能，请在身边找一找，哪些设备运用到了人工智能？请写在观点表达中。

观点表达

对于头脑风暴中提出的问题，请和你的小伙伴们讨论交流，并把你们的想法记录下来吧！

_____

_____

活动二： 语音识别

情景描述

语音识别是一门交叉学科。近20年来，语音识别技术取得了显著进步，开始从实验室走向市场。人们预计，未来10年内，语音识别技术将进入家电、通信、汽车电子、医疗、家庭服务、消费电子产品等各个领域。与机器进行语音交流，让机器明白你在说什么，这是人们长期以来梦寐以求的事情。现在，我们可以通过自己编写代码来实现语音识别啦！

概念解析

语音识别一般通过算法，从音频信号中识别出特定的信息。对于同一句话可能会有各式各样的读音、语调，这些读法在计算机中产生的声音都不相同。而语音识别，就是要从各种各样的声音波形中，抽取出所说的话，忽略掉音调、语气，最终只提取音频中的语义信息。

要想提高语音识别的准确性，需要让语音识别经过大量的"训练"，"训练"得越多，"储备知识"就越丰富，使用时的准确率就越高。

操作步骤

1.注册账号

注册一个百度智能云个人账号。

2.创建应用

在右侧产品中选择"人工智能"→"语音技术"，单击"创建应用"后填写应用信息。填写好应用名称和应用描述后，单击"立即创建"（见图23-1）。

图23-1 创建应用

3. 查看应用列表

应用列表中会显示所有创建的应用，列表中的 AppID、API Key 和 Secret Key 参数将在之后的程序中填写（见图23-2）。

	应用名称	AppID	API Key	Secret Key
1	语音	16901888	qUcr9z2IVvREkyjDtlfbhsuv	******* 显示

图23-2 应用列表

4. 安装运行库

打开命令提示符输入下面的命令（见图23-3）。

5. 编写代码

编写语音识别和语音合成代码（见图23-4）。

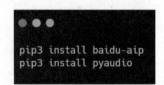

图23-3 安装函数库命令

```python
from aip.speech import AipSpeech
from audio import *

APP_ID = '你的 App ID'
API_KEY = '你的 Api Key'
SECRET_KEY = '你的 Secret Key'

client = AipSpeech(APP_ID, API_KEY, SECRET_KEY)

def STT():
    recAudio()
    with open("audio.wav", "rb") as f:
        data = f.read()
    print(client.asr(data)["result"][0])

def TTS(text):
    with open("audio.mp3", "wb") as f:
        f.write(client.synthesis(text, "zh", 4, {"spd": 5, "pit": 5, "per": 4}))
```

图23-4 语音识别和语音合成代码

6. 调用语音识别

调用 STT 函数（语音转文字）（见图 23-5），程序会录音 4 秒，再将录音转换成文字在调试窗口打印出来（见图 23-6）。

#语音转文字
STT()

图23-5 语音识别代码

```
* 开始录音......
* 结束录音......
床前明月光。
```

图23-6 语音识别输出结果

头脑风暴

我们可以利用语音识别功能开发什么样的工具呢？请把你的想法记录在观点表达中。

观点表达

对于头脑风暴中提出的问题，请和你的小伙伴们讨论交流，并把你们的想法记录下来吧！

活动三：　语音合成

情景描述

　　语音助手是一款智能型的手机应用，利用语音合成与用户进行智能对话，帮忙用户解决生活中的问题。苹果手机中的 Siri 开创了智能语音助手的先河。当然，我们中国人开发的中文语音助手也如雨后春笋般蓬勃发展起来，在中文方面的智能搜索功能也是非常优秀的（见图23-7）。

小度小度

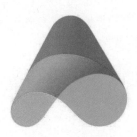
小爱同学

Siri

图23-7 各种语音助手

概念解析

　　语音合成是通过机械的、电子的方法产生人造语音的技术。它可以将计算机自己产生的或外部输入的文字信息转变为可以听得懂的、流利的汉语口语输出，这样计算机就不再局限于聆听，而是可以发出声音和用户交流。

操作步骤

调用语音合成

　　调用 TTS 函数（文字转语音）（见图 23-8），程序会将输入的文字转换成名为"audio.mp3"（见图 23-9）的音频文件，双击"audio.mp3"文件即可播放音频。

#文字转语音
TTS("床前明月光")

图23-8 语音合成代码　　　　　　图23-9 音频文件

头脑风暴

请尝试修改图 23-4 大括号中的 spd（0-15），pit（0-15），per（0，1，3，4）参数的数值，听听合成的语音有什么不同。

观点表达

对于头脑风暴中提出的问题，请和你的小伙伴们讨论交流，并把你们的想法记录下来吧！

本课评价

班级：_____ 姓名：_____

完成学习评价表（请用"√"的方式填写）
是否清楚"语音识别"的作用？　　清楚（　　）一知半解（　　）不清楚（　　）
是否清楚"语音合成"的作用？　　清楚（　　）一知半解（　　）不清楚（　　）
是否完成了"语音识别"功能？　　完成（　　）　　　　需要帮助（　　）

字迹端正　书写正确

第24课　图像处理

本课问题

图像作为人类感知世界的视觉基础，是人类获取信息、表达信息和传递信息的重要手段。在这个信息爆炸的时代，可以借助计算机进行大量的图像处理，提高人们的工作效率吗？

关键词汇　图像处理： 用计算机对图像进行分析处理，以实现所需结果的技术。

活动一：图像处理

情景描述

图像处理（image processing）起源于20世纪20年代，一般为数字图像处理，是利用计算机对图像信息进行加工，以满足人的视觉心理或者应用需求的行为。图像处理应用广泛，多用于测绘学、大气科学、天文学等领域，可提高图像分辨率、美化图片等。

概念解析

图像处理又称为影像处理，是用计算机对图像进行分析处理达到所需结果的技术。图像处理技术的主要内容包括图像压缩、增强复原、匹配描述识别三个部分，常见的处理有图像数字化、图像编码、图像增强、图像复原、图像分割和图像分析等。

在我们的生活中有哪些场景可以应用到图像处理？请把它们写在观点表达中。

观点表达

对于头脑风暴中提出的问题，请和你的小伙伴们讨论交流，并把你们的想法记录下来吧！

_____

_____

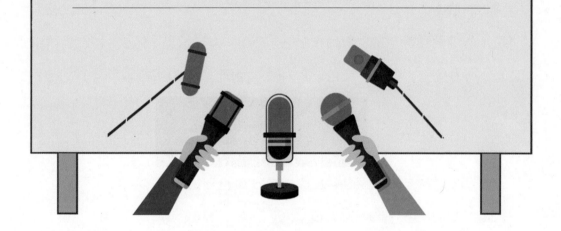

活动二：OpenCV绘图

情景描述

通过使用 OpenCV，我们几乎可以做任何能够想到的计算机视觉任务。如果将 OpenCV 中的许多模块结合在一起，就可以解决更多的问题。在本次活动中，我们试着利用它来模拟一盘棋局。

概念解析

OpenCV 是一个基于 BSD 许可（开源）发行的跨平台计算机视觉库，可以运行在 Linux、Windows、Android 和 Mac OS 操作系统上。它轻量级而且高效——由一系列 C 函数和少量 C++ 类构成，同时提供了 Python、Ruby、MATLAB 等语言的接口，实现了图像处理和计算机视觉方面的很多通用算法。

操作步骤

1. 安装函数库

函数库的安装如图 24-1 所示。

```
pip3 install opencv-python
pip3 install numpy
```

图24-1 安装函数库

2. 编写代码

图 24-2 中的参数：img 为画布；（x1，y1）为起始点；（x2，y2）为结束点；（B，G，R）分别为蓝色、绿色、红色；T 为画笔粗细（-1 为实心）。

```
cv2.line(img,(x1,y1),(x2,y2),(B,G,R),T)
cv2.rectangle(img,(x1,y1),(x2,y2),(B,G,R),T)
```

图24-2 绘制直线和矩形的代码

图 24-3 中的参数：img 为画布；（x1，y1）为起始点；r 为半径；（B，G，R）分别为蓝色、绿色、红色；T 为画笔粗细（-1 为实心）。

```
cv2.circle(img,(x1,y1),r,(B,G,R),T)
```

图24-3 绘制圆的代码

绘制棋盘完整代码如图 24-4 所示。

```
import cv2
import numpy as np

img = np.zeros((600, 600, 3), np.uint8)
img[:] = [200, 200, 200]

cv2.rectangle(img, (480, 480), (120, 120), (60, 60, 60), 3)
cv2.line(img, (240, 120), (240, 480), (60, 60, 60), 3)
cv2.line(img, (360, 120), (360, 480), (60, 60, 60), 3)
cv2.line(img, (120, 240), (480, 240), (60, 60, 60), 3)
cv2.line(img, (120, 360), (480, 360), (60, 60, 60), 3)

cv2.circle(img, (300, 300), 50, (0, 0, 0), -1)
cv2.circle(img, (180, 180), 50, (255, 255, 255), -1)
cv2.circle(img, (180, 420), 50, (0, 0, 0), -1)
cv2.circle(img, (420, 180), 50, (255, 255, 255), -1)

cv2.imshow("chess", img)
cv2.waitKey(0)
```

图24-4 绘制棋盘代码

3.运行程序

程序运行，结果如图 24-5 所示。

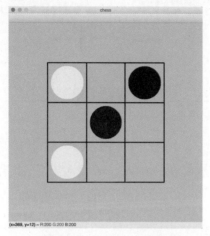

图24-5 运行结果

头脑风暴

请通过尝试修改代码，在棋盘上摆放更多棋子。

本课评价

班级：_____ 姓名：_____

完成学习评价表（请用"√"的方式填写）	
是否清楚"图像处理"的作用？	清楚（　）一知半解（　）不清楚（　）
是否成功安装了"OpenCV"函数库？	完成（　）　　　需要帮助（　）
是否完成了"OpenCV绘图"？	完成（　）　　　需要帮助（　）

字迹端正　书写正确

第25课　人脸检测

本课问题

近年来，身份证、银行卡、微信和支付宝账号纷纷开始与"脸"绑定在一起，"刷脸时代"正大步流星地向我们走来。那么，"刷脸"是如何实现的呢？

关键词汇　人脸检测： 检测出图像中人脸所在位置的一项技术，广泛应用于自动人脸识别系统中。

活动一：人脸检测

情景描述

简单地说，人脸识别其实是对人脸特征进行分析计算并进行身份识别的一种生物识别技术。即用摄像机或摄像头采集含有人脸的照片或视频，对其中的人脸进行检测和跟踪，进而达到识别、辨认人脸的目的。

概念解析

人脸检测就是找出一幅图像中的所有人脸位置，通常用一个个矩形框框起来（见图25-1）。输入是一幅图像，输出是若干个包含人脸的矩形框位置（x，y，w，h）。

图25-1 人脸检测矩形框

1. 编写代码

编写人脸检测代码（见图 25-2）。

```
import cv2

faceCascade = cv2.CascadeClassifier("face.xml")
cap = cv2.VideoCapture(0)

while True:
    img = cv2.flip(cap.read()[1], 1)
    gray = cv2.cvtColor(img, cv2.COLOR_BGR2GRAY)

    faces = faceCascade.detectMultiScale(
        gray,
        scaleFactor=1.2,
        minNeighbors=5,
        minSize=(32, 32)
    )

    for (x, y, w, h) in faces:
        cv2.rectangle(img, (x, y), (x+w, y+h), (255, 0, 0), 2)

    cv2.imshow('video', img)

    if cv2.waitKey(100) & 0xFF==ord("q"):
        cap.release()
        cv2.destroyAllWindows()
        break
```

图25-2 人脸检测代码

2. 运行程序

运行程序，结果如图 25-3 所示。

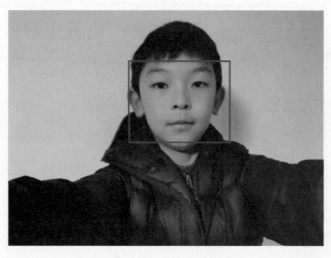

图25-3 运行效果

159

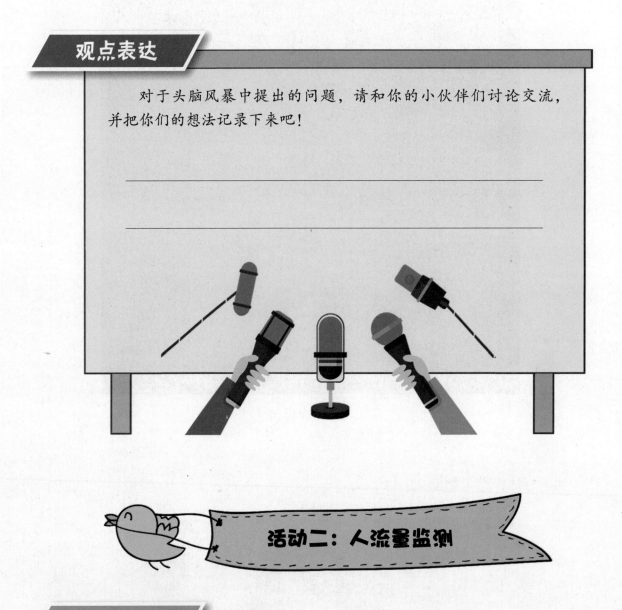

头脑风暴

（1）生活中哪些场景可以应用人脸检测技术？

（2）如果把 rectangle 修改成 circle，会出现什么效果？

观点表达

对于头脑风暴中提出的问题，请和你的小伙伴们讨论交流，并把你们的想法记录下来吧！

活动二：人流量监测

情景描述

景区淡季和旺季的游客分布很不均衡，假期游客尤其多。2018 年，八达岭长城接待游客超过 990 万人次。国庆节期间，有时八达岭长城一天的游客量竟超过 7 万人次，给景区管理带来了巨大压力。图 25-4 为长城游览高峰时段现场。

图25-4 长城游客

为了缓解景区内人满为患的问题，我们可以利用人脸检测技术，结合树莓派，设计一个检测人流量的设备，达到控制人流的目的。

操作步骤

1. 连接硬件

（1）树莓派连接 LED 灯（见图 25-5）。

（2）树莓派连接摄像头（见图 25-6）。

图25-5 连接LED灯

图25-6 连接摄像头

2. 编写代码

编写人流量检测代码（见图 25-7）。

```
import cv2
import RPi.GPIO as GPIO

GPIO.setmode(GPIO.BCM)
GPIO.setup(17,GPIO.OUT)
GPIO.setup(18,GPIO.OUT)

# 人脸识别分类器
faceCascade = cv2.CascadeClassifier("face.xml")

# 开启摄像头
cap = cv2.VideoCapture(0)

while True:
# 读取摄像头中的图像
    img = cap.read()[1]

# 人脸检测
    faces = faceCascade.detectMultiScale(img)
    faces_count = len(faces)

# 画矩形
    for (x, y, w, h) in faces:
        cv2.rectangle(img, (x, y), (x+w, y+h), (255, 0, 0), 2)

    cv2.imshow('video', img)
    cv2.waitKey(10)

# 计算人流量并控制灯
    if faces_count == 1:
        GPIO.output(17,1)
        GPIO.output(18,0)
    elif faces_count == 2:
        GPIO.output(17,0)
        GPIO.output(18,1)
    else:
        GPIO.output(17,0)
        GPIO.output(18,0)
```

图25-7 人流量检测代码

3. 运行程序

当视频中检测到 1 个人时，LED 亮绿灯；当视频中检测到 2 个人时，LED 亮红灯；当视频中检测到没有人或大于 3 个人时，LED 灯熄灭。

请尝试修改 if 判断中的参数，使设备在识别到不同人数时显示不同颜色的灯。

观点表达

对于头脑风暴中提出的任务，请和你的小伙伴们讨论交流，并把你们的想法记录下来吧!

_____

_____

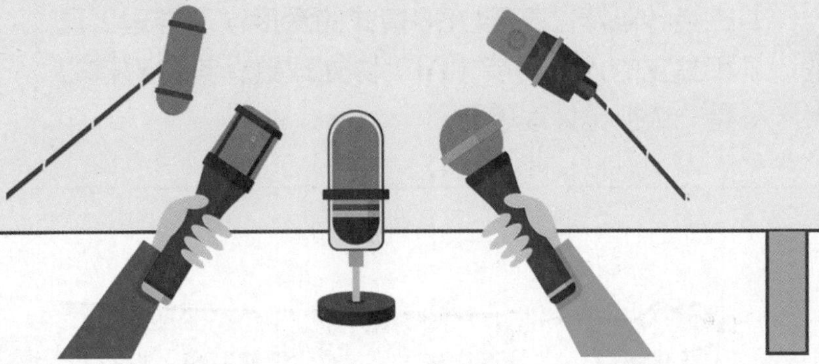

本课评价

班级：_____ 姓名：_____

完成学习评价表（请用 "√" 的方式填写）	
是否清楚 "图像处理" 的作用?	清楚（　）一知半解（　）不清楚（　）
是否完成了 "人脸检测"?	完成（　）　　　需要帮助（　）
是否完成了 "人流量监测"?	完成（　）　　　需要帮助（　）

字迹端正　书写正确

第26课　神经计算棒

本课问题

人工智能的核心实际上就是机器学习的能力。和人类一样，机器也需要"大脑"来帮助学习，"大脑"性能越强劲，学习能力就越强，能完成的工作也就越多。然而普通的家用计算机并不具备这样的强劲"大脑"，如何让家用计算机也拥有强大的学习能力呢？

关键词汇 **神经计算棒：** 基于USB模式的深度学习推理工具和独立的人工智能（AI）协处理器，其内部核心是一个视觉处理单元。

活动一：人工智能"深度学习"

情景描述

2016年3月，AlphaGo与围棋世界冠军、职业九段棋手李世石进行围棋人机大战，以4：1的总比分获胜；2016年末至2017年初，AlphaGo在中国棋类网站上以"大师"（Master）为注册账号，与中日韩数十位围棋高手进行快棋对决，连续60局无一败绩；2017年5月，在中国乌镇围棋峰会上，AlphaGo与排名世界第一的世界围棋冠军柯洁对战，以3：0的总比分获胜。

相关的媒体报道，多次提及"深度学习"这个概念。而新版本的AlphaGoZero，更充分地运用了深度学习法，不再从人类棋手的以往棋谱记录中开始训练，而是完全靠自己的学习算法，通过自我对弈来学会下棋。经过一段时间的自我学习，它就击败了曾打败李世石并完胜柯洁的AlphaGo。

机器学习（Machine Learning）是一门专门研究计算机怎样模拟或实现人类的学习行为，以获取新的知识或技能，重新组织已有的知识结构并不断改善自身性能的学科。简单地说，机器学习就是通过算法，使得机器能从大量的历史数据中学习规律，从而对新的样本做智能识别或预测未来。图26-1为机器学习示意图。

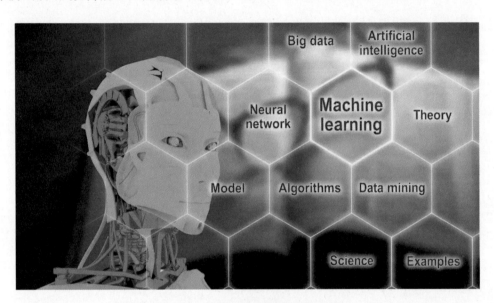

图26-1 机器学习示意图

深度学习（Deep learning）本身算是机器学习的一个分支。深度学习的实质，是通过构建具有很多隐层的机器学习模型和海量的训练数据，来学习更有用的特征，从而最终提升分类或预测的准确性。"深度模型"是手段，"特征学习"是目的。

活动二：神经计算棒

情景描述

神经计算棒是基于 USB 模式的深度学习推理工具和独立的人工智能（AI）协处理器，其内部核心是一个视觉处理单元，功耗仅为 1 瓦（W）左右，因此完全可以通过 USB 供电，可以广泛地为边缘主机设备提供专用深度神经网络处理功能。简单地说，有了神经计算棒，我们的家用计算机也能拥有强大的学习能力。

概念解析

相比使用神经计算棒加速计算机"大脑"的学习，也有人会偏向使用各大巨头的云端服务进行加速。云端推理固然强大，但是需要联网，不仅要保证网络顺畅，还要考虑到网络延时的问题。Intel Movidius NCS 神经计算棒就是将这种推理工作带到了本地终端处理，而不需要通过云端，降低延迟，这也是即便云端推理再强悍，神经计算棒也有其独特优势的原因。树莓派 + Intel Movidius NCS2 神经计算棒的便携组合，更是被无数人追捧为最适合学习 AI 的平台。

图26-2 Intel 第二代神经计算棒NCS2

活动三：物体识别

情景描述

在传统视觉领域，物体检测是一个非常热门的研究方向。受 70 年代落后的技术条件和有限应用场景的影响，物体检测直到上个世纪 90 年代才开始逐渐步入正轨。

我们已经学习过人脸检测的相关知识，这次活动我们将在神经计算棒的帮助下，体验使用树莓派识别出视频帧中指定的物体，并将它们框选出来。

概念解析

物体检测对于人眼来说并不困难，通过对图片中不同颜色、纹理、边缘模块的感知很容易定位出目标物体，但计算机面对的是 RGB 像素矩阵，很难从图像中直接得到狗和猫这样的抽象概念并定位其位置，再加上物体姿态、光照和复杂背景等因素混杂在一起，使得物体检测更加困难。

1. 连接设备

将两个神经棒连接到树莓派上。

2. 运行程序

从 /home/pi/workspace/ncappzoo/apps/street_cam 目录运行 street_cam.py。程序会实时识别视频中的物体，并框选标记（见图26-3）。

图26-3 程序运行示意图

头脑风暴

试着运行一下其他的 demo，感受神经计算棒给树莓派带来的巨大提升吧！

本课评价

班级：_____ 姓名：_____

完成学习评价表（请用"√"的方式填写）	
是否清楚"深度学习"的作用？	清楚（　）一知半解（　）不清楚（　）
是否清楚"神经计算棒"的作用？	清楚（　）一知半解（　）不清楚（　）
是否完成了"物体识别"？	完成（　）　　　　需要帮助（　）

字迹端正　书写正确

单元六　创意思维

第27课　设计思维创造金点子

本课问题

"人工智能与创客"课程的学习已步入尾声，我们学习了许多关于人工智能的知识，也完成了许多有趣的作品，你将学到的知识变成属于自己的创意了吗？试试本课中的方法吧，也许可以帮助你选中最棒的那个金点子！

关键词汇 **设计思维：**通过同理心、需求定义、创意动脑、制作原型、实际测试这几个步骤，去解决一个个生活中棘手的问题。

活动一：奇思妙想

情景描述

盲人水杯、语音遥控小车、手势控制机械臂……我们的生活中充满了各种创意，它们让我们的生活更加便捷，甚至改变了我们的生活方式。在我们的心中都有一些新奇的创意和想法，下面让我们通过纸和笔简单地画出我们的奇思妙想吧！

概念解析

创意是传统的叛逆，是打破常规的哲学，是破旧立新的创造与毁灭的循环，是思维碰撞、智慧对接，是具有新颖性、创造性的想法和不同于寻常的解决方法。

头脑风暴

（1）在我们身边不乏创意绝佳的事物，找到你觉得最惊奇的并和大家分享一下吧！

（2）你认为身边有哪些物品需要改良？记录下你的想法和创意并向同学们简单介绍一下。

观点表达

对于头脑风暴中提出的任务和问题，请和你的小伙伴们讨论交流，并把你们的想法记录下来吧！

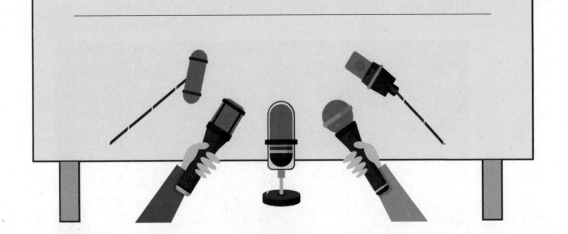

活动二：头脑风暴

情景描述

头脑风暴法（Brainstorming）是最为人熟知的创意思维策略，强调集体思考的方法，着重互相激发思考，鼓励参加者于指定时间内构想出大量的意念，并从中引发新颖的构思。试着和你的小伙伴们展开一场头脑风暴吧！

概念解析

　　头脑风暴法主要以团体方式进行，但也可于个人思考问题和探索解决方法时，运用此法激发思考。该法的基本原理：只专心提出构想而不加以评价；不局限于思考的空间，鼓励想出越多主意越好。

操作步骤

　　（1）以小组为单位，每小组 3~5 人进行组队。

　　（2）每组中的每人都需要在纸上写出一条创意，在规定时间内完成，此环节不要相互交流。

　　（3）每个小组内成员进行投票，选出一条最好的创意。

　　（4）每小组派出一名同学上台演讲，讲解本组最好的一个创意。

尽情展现自己的创意吧！

头脑风暴

　　请和你的小伙伴互相聆听各自作品的演讲，认真记录老师、同学提出的建议，想一想如何改进自己的点子。

活动三：角色扮演

情景描述

角色扮演（Role-playing），也叫扮装游戏，是一种人与人之间的社交活动，可以以任何形式进行（游戏、治疗、培训）。在活动中，参与者在故事世界中通过扮演角色进行互动。参与者通过对角色的扮演，可以获得快乐、体验以及宝贵的经历。

概念解析

角色扮演是一种综合性、创造性的互动活动，人们通过进行角色扮演活动可以分享经验和心得。

操作步骤

下面以盲人水杯为例，进行一次角色扮演，看看能得到怎样的启发。首先进行角色分工：

盲人一名：主要完成的角色任务是解决喝水问题。

记录员一名：主要记录盲人在喝水过程中遇到的问题。

水杯操作员一名：负责准备水杯和照看水杯。

接下来就开始你们的表演吧！

头脑风暴

尝试以角色扮演的方式，将你们的创意介绍给家人和小伙伴们，倾听并收集大家的建议，更好地完成你的想法。

观点表达

对于头脑风暴中提出的任务，请和你的小伙伴们讨论交流，并把你们的想法记录下来吧！

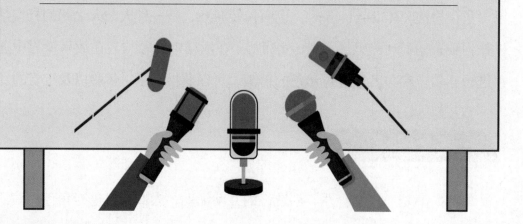

本课评价

班级：_____　姓名：_____

完成学习评价表（请用"√"的方式填写）		
是否完成了"奇思妙想"？	完成（　　）	需要帮助（　　）
是否完成了"头脑风暴"？	完成（　　）	需要帮助（　　）
是否参与了"角色扮演"？	参与（　　）	未参与（　　）
是否想出了自己的"金点子"？	完成（　　）	需要帮助（　　）

字迹端正　书写正确

致小读者们：

　　经过《人工智能与创客》上下两册书的学习，相信大家都掌握了不少本领。但是书本知识的学习和我们在现实生活中的真正实现还是有一定差距的。希望大家从小拥有一颗不断进取、勇于探索的强大内心，中国未来的科技现代化需要靠大家去实现，你们是社会主义的接班人。

　　在学习过程中，大家肯定有很多想要实现的梦想，身边的事物，生活中的问题我们都能用学习的知识去完善、去解决，因此，老师给大家提供一个思路和想法，仅供参考。

　　请大家多多观察身边的事物，看看哪些地方利用人工智能与创客的知识可以解决但目前还未解决的，我们把这个为人类造福的点子称为"金点子"，这个点子是有价值的，是正能量的。它目前可能还只是一个想法，是一粒"种子"，埋藏在各位同学的脑海中。在未来的学习道路上，请把这粒"种子"细心呵护，精心灌溉。随着年龄的增长，大家学的本领也越来越多，这个金点子会从 1.0 版本变成 2.0 版本，从想法变成模型；然后从 2.0 变成 3.0 版本，加入了舵机或感应元器件；又从 3.0 变成 4.0，加入了编程和其他外设。我们一步步把金点子变成现实，这是多么可贵的学习路径呀！

　　实现中华民族伟大复兴的中国梦，我们共同努力！

你的良师、益友

2021 年 6 月

后记

  2016 年，上海慕客信信息科技有限公司 CEO 谢凯年博士带着他的团队来到上海交通大学附属小学，交流了关于人工智能与创客课程的设想。在交流过程中，我们充分认识到这门课程对基础教育阶段的孩子具有非凡的意义。

  经过一系列的准备，我们踏上了"人工智能与创客课程实践活动"之旅。在长达五年的实践过程中，从最初 3D 打印到 Python 的深度学习，上海交通大学附属小学课程组与慕客信团队从学生实际出发，不断优化课程结构，寻找更好、更适合学生的学习方法。在此期间，我们撰写了大量的教学设计，建立了系统的知识框架，并在此基础上开发了一套适合学生学习的课程。为了让更多的孩子感受到人工智能与创客的魅力，我们决定将本项成果正式出版，以供更多致力于这一课程建设的同道参考。

  本书得到了徐汇区教育局、上海交通大学思源基础教育基金会、徐家汇街道办事处等部门的大力支持，在此，一并致谢！还要特别感谢上海交通大学自动化系的杨明教授以及徐汇区教育学院信息资源中心袁文铮副主任在课程实施过程中给予我们的热切指导与帮助。

上海交通大学附属小学校长：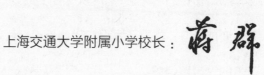